◎ 王宏炜 编著

大屏幕投影
与智能系统集成技术

国防工业出版社
www.ndip.cn

内 容 简 介

本书全面介绍了大屏幕投影与智能会议系统集成领域的相关技术,重点内容包括大屏幕投影技术的实现、虚拟现实投影技术、投影和控制相关的信号处理以及传输、线材和接口知识等;同时对智能会议室的建设设计,灯光、音响设计原则以及弱电工程中的综合布线技术进行了细致讲述;最后结合实际工程案例,详细介绍了不同类型大屏幕投影应用于现代化智能会议室的设计和实施过程。

本书可作为视听系统集成领域公司技术人员、销售人员的培训教材和常备手册,也可供智能控制、大屏幕显示、立体影院等现代化音视频技术发烧友以及高职和高级技工学校电子信息类专业师生学习使用。

图书在版编目(CIP)数据

大屏幕投影与智能系统集成技术 / 王宏炜编著. —
北京:国防工业出版社,2010.6
ISBN 978 - 7 - 118 - 06864 - 1

Ⅰ.①大... Ⅱ.①王... Ⅲ.①智能建筑 - 自动化系统
Ⅳ.①TU855

中国版本图书馆 CIP 数据核字(2010)第 102047 号

※

*国防工业出版社*出版发行
(北京市海淀区紫竹院南路 23 号 邮政编码 100048)
天利华印刷装订有限公司印刷
新华书店经售

*

开本 787×1092 1/16 印张 13¾ 字数 280 千字
2010 年 6 月第 1 版第 1 次印刷 印数 1—4000 册 定价 25.00 元

(本书如有印装错误,我社负责调换)

国防书店:(010)68428422 发行邮购:(010)68414474
发行传真:(010)68411535 发行业务:(010)68472764

前　言

　　当今社会已经步入了信息时代,信息量迅速增加,作为各类信息高度集中的重要场所,会议室所承担的功能范围已经大大扩展,它不再仅仅是讨论问题的场所,更是大量音视频信息的展示平台和综合设备的控制场所。近几年数字多媒体信息技术高速发展,数字化、网络化已成为传统音视频系统的发展方向。随着各种硬件设备的日益成熟,用户除了可以在拥有完善的音视频系统的会议室内开会之外,还可以通过网络进行多地点会议和多种多媒体的交换。会议系统中的信号处理和集中控制两个子系统已经完全数字化和网络化,其他相关的系统也在向着这个方向发展。面向高清音视频和可视化协作的智能化数字会议和多功能、多媒体报告厅受到了越来越多用户的推崇。

　　如今,网络系统集成已经日益成熟并为人们所接受。本书博采众长,独具匠心地通过全新的视角,以显示系统中的大屏幕投影为重点,全面介绍了系统集成领域中日益成长的视听系统集成技术,详细讲解了投影技术,信号处理及传输,智能会议系统的总体设计等方面。自成体系,内容先进,实用性强是本书的鲜明特征。总而言之,本书有以下几个主要特色:

　　1. 针对近年来异军突起的视听系统集成技术,本书进行了行业介绍及市场现状的深入剖析,详细论述了相关的技术标准,设备选型,项目设计和实施过程等,具有广泛的参考价值。

　　2. 本书涉及计算机、电子、光学、声学、建筑等多学科的知识,系统整合了视听系统和智能会议系统所涵盖的主要技术,并从细节上汇总了工程实施中诸如线材制作、投影系统精确计算等多方面知识,列举了视听工程中常见的问题及其处理方法,对实际工程的设计和实施具有很好的指导意义。

　　3. 在以上理论阐述的基础上,本书以两个复杂度不同的典型工程为例,从需求分析、总体设计到现场实施都做了详细的描述。并从上述实例中,提炼了系统集成的常规思路,使读者跟踪项目设计到施工建设的整个过程,了解整个智能视听系统的集成过程。

智能视听系统集成所涉及的技术通用性较强,尤其是音视频处理和中央集中控制,适用于系统集成的各个领域。通过系统化的学习,读者能够基本掌握大屏幕投影建设的要点,从而提高在参与建设中的能动性,并减少产品选择方面的盲目性。

　　由于篇幅、时间所限,书中不妥之处在所难免,恳请读者、专家批评指正。

编著者

2010 年 3 月

目 录

第 **1** 章

概　述

美国信息技术协会对系统集成的定义:根据一个复杂的信息系统或子系统的要求,把多种产品和技术验明并连接入一个完整的解决方案的过程。

通俗地讲,系统集成就是通过结构化综合布线系统和计算机网络技术,将各个分离的设备(如个人计算机)、功能和信息等集成到相互关联的、统一和协调的系统之中,使资源达到充分共享,实现集中、高效、便利的管理。系统集成应采用功能集成、网络集成、软件界面集成等多种集成技术。系统集成实现的关键在于解决系统之间的互连和互操作性问题,它是一个多厂商、多协议和面向各种应用的体系结构。这需要解决各类设备、子系统间的接口、协议、系统平台、应用软件等与子系统、建筑环境、施工配合、组织管理和人员配备相关的一切面向集成的问题。

从工程角度讲,系统集成就是将各个子系统组合在一起而成为一个具有特定功能的大系统。从信息技术角度讲,系统集成是一个物理的或功能性的连接不同计算系统和软件应用的过程。系统集成不是指各种硬件和软件的堆积,而是一种在系统整合、系统再生产过程中为满足用户需要的增值服务业务,是一种价值再创造过程。一个优秀的系统集成商不仅关注各个局部的技术服务,而且更注重整体系统的、全方位的无缝整合与规划。

在信息领域,系统集成一般分为软件集成、硬件集成和网络系统集成。由于计算机网络技术的迅速发展和应用范围的日益扩大,逐步出现了局域网网络集成技术、智能大厦集成技术和智能小区集成技术。

1. 软件集成

软件集成是指为某特定的应用环境构架的工作平台,即为某一特定应用环境提供要解决问题的架构软件的相互接口,为提高工作效率而创造环境。

2. 硬件集成

硬件集成又叫设备集成,使用硬件设备把各个子系统连接起来,已达到或超过系统设计的性能技术指标。如办公一体化设备集复印、传真、扫描等功能于一身,为用户创造高效、便捷的工作环境。

3. 网络系统集成

网络系统集成是指根据应用的需要,将硬件设备、网络基础设施、网络设备、网络系统软件、网络基础服务系统、应用软件等组织成为一体,使之成为能够满足设备目标、具有优良性能价格比的计算机网络系统的全过程。

在目前的网络化时代,有信息的地方就应该有网络。网络系统往往成为硬件系统和软件系统集成的一个平台,有了良好的网络支持,软硬件系统才能发挥更大的效能。

硬件集成不仅是设备的组合,更多的是创造。系统集成作为一种新兴的服务方式,是近年来国际信息服务业中发展速度最快的一个行业。系统集成所要达到的目标是系统整体性能最优,即所有子系统和设备组织在一起后不但满足功能需求,而且整个系统应该是一个低成本、高效率、性能匀称、可扩展和可维护的系统。好的系统集成商是优良系统建设的保证,而作为技术支撑的系统集成工程师在设计和实施过程中的角色是不容忽视的。只有具有扎实的知识基础,并不断地积累相关领域的技术,才能够更好地透过现象看本质,通过最优的硬件连接和控制逻辑,充分发挥每个设备的作用,做到功能的最优配置。

硬件系统集成方面内容众多,项目的具体内容随项目有所差异,各个服务提供商进行系统建设的重点也不同。有些侧重多媒体展示,有些侧重安防监控,有些侧重网络管理,有些侧重中央控制,所涉及的工作很多,包括强、弱电综合布线,多种信号的处理和传输,中央控制系统的软件设计,光路设计,甚至机械加工等。

当今社会已经步入了信息时代,随着信息量的迅速增加,作为各类信息高度集中的重要场所,会议室所承担的功能范围已经大大增加,它不仅仅是讨论问题的场所,更是大量音视频信息的展示平台。因此,视听建设已经成为弱电系统的重要组成部分,专门针对现代化会议室,为用户提供满足其工作需求的高端会议室解决方案。如果从子系统的角度来分类,一个现代化的会议系统一般由网络子系统、大屏幕显示子系统、音响子系统、监控子系统、会议发言子系统、灯光效果子系统和中央控制子系统等组成,视用户的需求不同而有所选择和侧重。作为一个智能化的综合环境控制系统,除了大屏幕显示外,中央控制系统、灯光、音响系统也都是必不可少的。因此,在视听系统集成中,大屏幕投影往往会和扩声系统、灯光控制系统等一起建设。

高端视听会议室的项目集成过程一般包括以下内容。

1. 需求分析

了解用户环境使用需求或用户对原有系统改造的要求,对企业而言,主要包括工作习惯、环境特点、与会规模、信号源使用情况等。

2. 方案设计

针对现场情况进行方案设计,如果有条件可以先到现场实地考察。包括结合现场环境图进行信息点位的布局和布线设计,进行主要功能设备的初选,进行硬件系统设计,形成初步的系统拓扑图,以图文方式进行功能描述,让用户能够充分了解方案中系统所提供的功能点。经过一两次的结合后,根据用户在功能上的意见进行方案修改和完善并得到用户认同后确定最终方案,进行方案存档。

3. 产品选型

根据确认后的技术方案进行设备选型,主要包括中央控制系统相关设备、音视频处理和传输系统相关设备、投影机、投影幕(或其他显示设备)等。原则是选择经过测试、性价比高、兼容性好的相关设备。

4. 施工准备

设备需要通路才能运行,对于电源线路、音视频线路、控制线路等新增线路,在设备进入联调阶段前需要进行提前铺设。安装定制投影幕的往往需要对现场进行改造,需要前期完成投影幕墙的设计并在此阶段进行搭建。根据投影机的安装方式安装投影吊架,安装各种固定件、预埋件等。

由于信息的网络化,很多地方需要进行远端的建设,一般用于各种信号的远程调用或设备的远程管理,此类建设常见的有机房无人职守系统、网络视频会议系统等,因此,在设计和施工准备中要进行多地多点位的考虑。网络化建设和本地建设不分先后,本地建设只需要留出从远程传输过来的信号接入点。网络化建设需要有网络的支持,若没有网络则需要同时进行网络接入点的铺设。

5. 工程实施

在此阶段,设备进入施工现场,设备开封,通电测试,上机柜固定,连线进行联调。工程人员要对中央控制系统进行编程调试,安装并调试所需要的计算机软件系统。完成后对系统的每个设计功能进行测试,寻找未完善或未实现的功能点并进行完善和实现。此阶段联调完成后,系统就进入验收准备期。

6. 系统使用培训

对系统的使用人员进行培训。培训分层次进行,最少分两个级别:一个是系统的使用者,熟悉系统操作和环境的使用;另一个是系统的维护者,具有软硬件系统的基本知识,不但需要学会使用系统,还需要对常见问题及其解决方法有所了解,一般是管理员角色。系统使用说明书和硬件系统详细建设和内部接线说明书在此之前要准备完毕。

7. 工程验收

在用户使用了一段时间,系统能够稳定运行,用户确保系统所实现功能能够满足工作需求后,由工程商在约定的时间对系统进行功能汇报演示,用户对系统进行验收。

8. 售后支持

项目实施后进行技术支持,包括系统故障快速处理和初期功能改造的实施。工程验收后根据合同进行 1 年或更长时间的售后技术支持。

无论是对于用户还是对于工程商来说,设备的发展决定了系统能够实现的功能,也决定了项目的成本。随着音视频领域技术不断提高,投影机等各种显示设备的价格也不断下降。众多的企事业单位越来越意识到高效协同办公环境的重要性,传统会议室和办公环境正在进行着一场变革,传统的会议室正逐渐地被现代化的智能视听环境所取代。

行业的发展带动了各种传输和处理设备的成熟,有了这些会议设备的帮助,用户除了可以在拥有完整系统的会议室内开会以外,还可以通过网络进行多地点会议和多种多媒体的交换。近几年多媒体信息数字化和网络化技术得到了高速发展,数字化、网络化已成为传统音视频系统的发展方向。会议系统中的信号处理和集中控制两个子系统已经完全数字化和网络化,其他的系统也在向着这个方向发展。智能化数字会议,多功能、多媒体报告厅面向高清音视频和可视化协作,受到了越来越多的推崇。

不仅仅是企业团体的工作环境在悄然改变,随着人们生活水平的提高,数字生活的概念也开始影响着普通家庭,家庭影院开始成为人们对高端影音享受的追求,智能家居也开始逐渐步入一些有条件的家庭。无论是电子发烧友还是从事系统集成建设的服务商,都面临着一个问题,那就是对于复杂和不断变化的产品市场和需求市场,如何才能更好地将科技变得更加实用。让科技真正服务社会,让更多的人了解到高科技产业所引领的生活,这正是本书的目的,希望大家能够从书中各取所需,并用于自己的工作和生活中。

第2章

大屏幕投影技术

大屏幕投影技术包括大屏幕显示和投影技术两大方面。随着投影机价格的下降和投影技术的不断提高,无缝大视野环境让高清影像的震撼效果更加淋漓尽致。"神舟"飞船的发射成功让每一个中国人激动不已,在北京航天指挥控制中心,4 块 200 英寸①大屏幕投影系统永远地记录下了这一举世瞩目的历史性时刻。从 1998 年安装至今,4 块 200 英寸大屏幕投影系统经历了严峻考验,每一次都以出色的工作圆满地完成了任务,为祖国的航天事业谱写了新的篇章。在 2009 年的春节联欢晚会上,舞台设计者采用了 6 台 17000lm的投影机,组合成上下两层边缘融合方阵,把特别制作的"2009"和牡丹花影片投射到总长约 36m,高 14m,56 根直径为 60cm 的竹子形状的 500m^2 的世界上演播室中最大的屏幕上,配合上多样化的灯光设计效果,在超大的中国红竹形幕布上,实现了"超现实主义"的"虚拟"舞台背景。这就是大屏幕投影的魅力。

在大屏幕投影的应用中,不同的展示环境特点不同,因此,在实际工程中,设计人员就需要根据用户的使用特点,合理地进行布局设计,投影机、投影幕的选型,灯光和音响控制设计,以达到最佳的视觉效果。实施工程人员需要充分了解整个系统的设计,才能对前期布线,后期的线材制作和设备进场等施工步骤做到心中有数。

---

① 1 英寸(in) = 0.0254m。

2.1 投 影 机

作为投影系统的重要组成部分,投影机和投影幕的选择影响到最终的显示效果,它们需要相互配合才能发挥最大效能。下面分别对市场上的主要投影机种类进行介绍。

2.1.1 CRT 投影机

CRT(Cathode Ray Tube,阴极射线管),作为成像器件,它是实现最早、应用最为广泛的一种显示方式。这种投影机可把输入信号源分解输出到 R(红)、G(绿)、B(蓝)3 个 CRT 的荧光屏上,荧光粉在高压作用下发光系统放大、会聚,在大屏幕上显示出彩色图像。光学系统与 CRT 组成投影管,通常所说的三枪投影机就是由 3 个投影管组成的投影机。由于使用内光源,这种投影方式也叫主动式投影方式。CRT 投影机显示的图像色彩丰富,还原性好,具有丰富的几何失真调整能力;缺点是亮度较低,操作复杂,体积庞大,对安装环境要求较高,只适合安装于环境光较弱、相对固定的场所,不宜搬动。

2.1.2 LCD 投影机

LCD(Liquid Crystal Display,液晶显示器),液晶是介于液体和固体之间的物质,本身不发光,工作性质受温度影响很大,其工作温度为 $-55℃ \sim 77℃$。投影机利用液晶的光电效应,即液晶分子的排列在电场作用下发生变化,影响其液晶单元的透光率或反射率,从而影响其光学性质,产生具有不同灰度层次及颜色的图像。

LCD 投影机分为液晶光阀和液晶板两种,下面分别说明两种 LCD 投影机的原理。

1. 液晶光阀投影机

它采用 CRT 和液晶光阀作为成像器件,是 CRT 投影机与液晶、光阀相结合的产物。为了解决图像分辨率与亮度间的矛盾,它采用外光源,这种投影方式也叫被动式投影方式。一般的光阀主要由三部分组成:光电转换器、反射镜、光调制器,它是一种可控开关。通过 CRT 输出的光信号照射到光电转换器上,将光信号转换为持续变化的电信号;外光源产生一束强光,投射到光阀上,经由反光镜反射,通过光调制器,改变其光学特性,紧随光阀的偏振滤光片,将滤去其他方向的光,而只允许与其光学缝隙方向一致的光通过,这束光与 CRT 信号相复合,投射到屏幕上。它适用于环境光较强、观众较多的场合,如超大规模的指挥中心、会议中心及大型娱乐场所,但其价格高昂,体积超大,光阀不易维修。这类投影仪现在基本上已经被淘汰。

2. 液晶板投影机

它的成像器件是液晶板,采用的也是一种被动式的投影方式,利用外光源金属卤素灯或冷光源(UHP)。液晶有活性液晶体和非活性液晶体。活性液晶体具有透光性,做成 LCD 液晶板,用在投影机上。TFT(Thin Film Transistor,薄膜晶体管)活性矩阵利用每一独立的晶体管控制 LCD 板上的每一个像素,由于 TFT 活性矩阵液晶板可产生更快的反应速度及对比度,是目前使用最广的液晶板。通过控制系统,可以控制通过 LCD 的光的亮度、颜色、对比度等。LCD 板的大小决定着投影机的大小。LCD 越小,则投影机的光学系统就能做得越小,从而使投影机越小。而要在越小的 LCD 上做到高分辨率,并且保持高亮度,其技术工艺越难。

按照液晶板的片数,LCD 投影机分为单片机和三片机。单片设计的液晶板投影机内部采用了 LCD 单板,光线不用分离,多用于临时演示或小型会议。3 片液晶板投影机原理是光学系统把强光通过分光镜形成 RGB 三束光,分别透射过 RGB 三色液晶板(图 2-1);信号源经过 A/D(模/数)转换,调制加到液晶

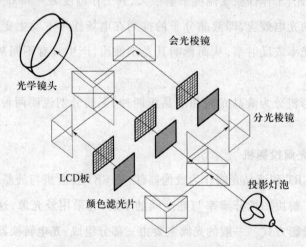

图 2-1 3 片 LCD 板投影机原理示意图

板上,通过控制液晶单元的开启、闭合,从而控制光路的通断,RGB 光最后在棱镜中会聚,由投影镜头投射在屏幕上形成彩色图像。这种类型的投影机目前最高分辨率可达到 1920×1080,亮度在 3000lm 以上。

目前,3 片 LCD 板投影机是液晶板投影机的主要机种。LCD 单板投影机体积小,重量轻,操作、携带极其方便,价格比较低廉,更适于民用。缺点是其光源寿命短,色彩不够均匀,分辨率相对较低,工程上略显不足。

2.1.3 DLP 投影机

1. DLP 投影的概念

DLP(Digital Light Processing,数字光处理技术)是一种新兴的投影技术,该技术是由美国德州仪器公司研制推出的一种全数字的反射式投影技术,它被称为是投影和显示信息领域中的一个新思路。由这种技术生成的投影机采用数字微镜装置(Digital Micromirror Device,DMD)作为光学成像器件,来调制投影机中的视频信号,驱动 DMD 光学系统,通过投影透镜来完成数字投影显示。这一技术的诞生,不仅打破了传统投影机市场上多媒体液晶投影机的垄断局面,更使普通投影用户在拥有捕捉、接收、存储数字信息能力的同时,进一步实现了数字化信息显示,可以说,DLP 技术的核心就是用 DMD 来替代投影机中普通的成像器件。DMD 是由美国德州仪器公司专门生产开发的一种特殊半导体元件,一个 DMD 芯片中含有许多细微的正方形反射镜片,这些镜片中的每一片微镜都代表一个像素,每一个像素面积为 $16\mu m \times 16\mu m$,镜片与镜片之间是按照行列的方式紧密排列的,并可由相应的存储器控制在开或关两种状态下切换转动,从而控制光的反射。DLP 投影机使用了反射式数字微镜后,它内部的光学成像部分的光利用率很高,这使得 DLP 投影机无论工作在光线充足的环境还是光线暗淡的环境,都能将更多的光线投射到投影幕上,这也是 DLP 投影机比传统的模拟投影机具有更高亮度、对比度的原因。

根据 DLP 投影机中包含的 DMD 的片数,又将投影机分为单片 DLP 投影机,两片 DLP 投影机和 3 片 DLP 投影机。单片 DLP 投影机是由投影灯泡产生的白光经色轮过滤成"红、绿、蓝"三色光,投射到 DLP 芯片 DMD 的平面上,再由 DMD 芯片上的微镜前后晃动将有色光反射入镜头,形成彩色图像(图2-2)。每片微镜对应屏幕上的一个像素点,微镜的晃动次数每秒钟可达数千次,微镜将光反射到镜头内的时间长,就会在屏幕上产生一个较亮的像素点,时间短,则产生较暗的像素点。微镜可以利用时间的长短来控制从全黑到全白,共 1024 个灰度等级,再配合色轮过滤后的光至少可以生成 1670 万种颜色。在单片 DMD 投影系统中,输入信号被转化为 RGB 数据,数据按顺序写入 DMD 的 SRAM,白光光源通过聚焦透镜聚焦在色轮上,通过色轮的光线然后成像在 DMD 的表面。当色轮旋转时,红、绿、蓝光顺序地射在 DMD 上。色轮和视频图像是顺序进行的,所以,当红光射到 DMD 上时,镜片按照红色信息应该显示的位置和强度倾斜到"开",绿色和蓝色光及视频信号亦是如此工作。人体视觉系统集中红、绿、蓝信息并看到一个全彩色图像。通过投影透镜,在 DMD 表面形成的图像可以被投影到一个大屏幕上。

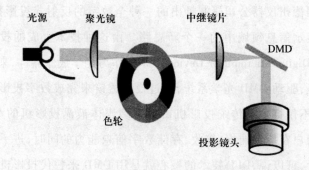

图 2-2 单片 DLP 投影机原理

目前,市场上出现的 DLP 投影机,有许多都属于单片机。单片 DLP 投影机主要用在各种便携式投影产品中,适合移动行政人员使用。这种单片 DLP 投影机的体积小巧,机身比 A4 纸还要小,移动工作时,随时可把它塞进公文包里;而且它功能强大,清晰度高,画面均匀,色彩锐利,可以给客户展示色彩绚丽、画面清晰的效果。两片 DLP 投影机与单片 DLP 投影机相比,多使用了一片 DMD 芯片,其中一片单独控制红色光,另一片控制蓝、绿色光的反射,与单片 DLP 投影机相同,使用了高速旋转的色轮来产生全彩色的投影图像,它主要应用于大型显示墙,适用于大型娱乐场合和需要大面积显示屏幕的用户。3 片 DLP 投影机中,3 片 DMD 芯片分别反射三原色中的一种颜色,已经不需要再使用色轮来滤光了;使用 3 片 DMD 芯片制造的投影机亮度最高可达到 20000lm,它抛弃了传统意义上的会聚,可随意变焦,调整十分便利;只是分辨率不高,常常用于对亮度要求非常高的特殊场合。

2. DLP 投影技术的特点

1）画面均匀、噪声消除

由于 DLP 投影机采用的是数字技术，可以直接捕获数字信号，投影机的输入信号不需要经过 A/D 转换就能直接调制生成图像，因此信号的中间处理环节减少之后，投影信号的衰减幅度就会很自然地要减小很多，这样投影机将产生很小、甚至消除了噪声。此外，由于 DLP 投影机采用了数字微镜处理技术，每片 DMD 是由许多细微镜片以方形阵列紧密排列在一起的，每个细微镜片对应投影图像中的一个像素，每片 DMD 芯片下就有一个控制器，对输入进来的数字信号做出每秒开关超过 5000 次的响应来产生投影像素，这样的切换速度和双脉冲宽度调制的一种精确的图像颜色和灰度复制技术相结合，产生的是透明似水晶的图像，该图像灰度等级达到 256 级～1024 级，色彩达到 2563 种～10243 种，而且 DLP 技术使图像随着窗口的刷新而更加清晰，它通过增强黑白对比度、描绘边界线和分离单个颜色而将图像中的缺陷抹去，最终呈现出更清晰、层次丰富、画面均匀的显示效果。

2）画面效果逼真

DLP 投影机投影出来的图像中的每一个像素都对应 DMD 上的一个细微反射镜片，而细微镜片以方形阵列紧密排列在一起，它们之间的间隔距离大约不到 $1\mu m$，这种紧密排列的细微反射镜片组使得投影到显示屏幕上图像拥有了逼真的色彩。DLP 投影机不是简单地把计算机中的图像投影到屏幕上，它首先要对所投影图像进行数字化处理，使其变为 8 位～10 位每色的灰度级图像。之后将数字化后的灰度级图像发送到 DMD 中，将这些灰度级的图像和来自投射光源并经过滤色轮精确过滤的彩色光融合在一起，直接输出到投影幕上。

当然，DLP 投影机对图像处理过程并不是一次完成的，它还将上述图像处理过程不断地复制，每次的处理结果都会重复地投射到屏幕上，这样屏幕上的图像就会处于不断刷新中，那么源图像的所有细节都在不断的刷新中得到完美展现，从而使画面效果更加逼真。

3）画面清晰、色彩锐利

画面清晰、色彩锐利是 DLP 投影机的又一个功能特点。DLP 投影机中的 DMD 由数十万片的细微反射镜片排列而成，相邻镜片之间不到 $1\mu m$ 的距离使得 DLP 投影机与 LCD 透射式投影系统成像原理相比，能够得到更高的光利用率。每个细微反射镜片上的大部分面积都会动态地反射光线以生成一个投影图像,因此,在相邻镜片的距离如此接近的情况下,投影在屏幕上的图像看起来没有缝隙;DLP 投影机中的 DMD 在处理分辨率增大的图像时,它的大小和相邻间距仍然保持固定值,这样不管输入图像的分辨率怎样增大或者缩小,最终投影到屏幕上的图像始终不会出现间隔缝隙,投影图像将一直保持较高的清晰度。

4)投影画面明亮

传统的模拟投影机在光线充足的情况下工作时,投影出来的效果就会变得非常模糊,即便是在光线暗淡的环境中工作,投影幕的亮度也总是比较低,这就导致了传统的模拟投影机受环境的限制很大,这也注定了这种投影机适用的场合不是很多。现在越来越多的公众场合都有使用投影机的需求,不同的场合工作的投影机无论白天还是黑夜都应该能够投影出明亮的画面。基于这样的要求,DLP 投影机采用了数十万个细微镜片来反射图像,而每个镜片中90%的光线都直接反射投影到显示屏幕上。更为重要的是,基于 DLP 技术的投影机的亮度是随着输入图像分辨率的增加而不断增大的,例如,在 SXGA 等更高分辨率下工作时,细微镜片将会提供更多的反射面积,这样,无论在白天中还是黑夜,DLP 投影机都能够给用户带来更加明亮的投影效果。

5)性能稳定可靠

DMD 是 DLP 投影机的核心部件,因此,这种装置的性能稳定直接决定了投影机整体性能的可靠稳定。在生产研制 DMD 的过程中,人们对组成 DMD 的材质进行了严格的筛选,并对 DMD 的整体性能进行了各种严格的测试,测试的最终结果显示,DMD 在各种恶劣的测试条件下,包括将它放在热、冷、振动、爆炸、潮湿以及许多其他苛刻的条件下进行检测,其内部的所有材质都表现出了较强的稳定性。在模拟操作环境中,DMD 芯片经过连续测试被证实了使用超过 1G 次循环,相当于具有 20 年的连续使用寿命。各种测试结果说明,DMD 以及其他组成 DLP 技术的元件在相当长的时间内可以保持较高的可靠性。

6)体积小、重量轻

由于 DLP 投影机摒弃了传统投影机中的复杂、笨重的光学成像器件,取而代之的是宽度只有 16μm 的 DMD 芯片,而且每只芯片上紧密排列的细微反射镜片之间的间隔距离也不到 1μm,整个 DMD 光学成像器件无论是在体积上还是重量上都不会很大;另外,DLP 投影机采用的是 DLP 数字技术光学成像原理,这个原理可以直接将图像进行数字化处理,而不需要像传统投影机那样有许多中间处理环节,这样,DLP 投影机很自然地就可以在影机体积和重量上做得很小。

2.1.4 LCOS 投影机

LCOS 投影技术又称硅基液晶、硅晶光技术(Liquid Crystal on Silicon),是一种结合半导体工艺和 LCD 的新兴技术,用非专业的语言来说就是"制作在单晶硅上的 LCD 显示技术"。该技术最早出现在 20 世纪 90 年代末期。其首批成型产品是由 Aurora Systems 公司于 2000 年开发出的。该产品具有高分辨率、低价格、反射式成像的特点。

LCOS 属于新型的反射式 micro LCD 投影技术,其原理如图 2 - 3 所示。它采用涂有液晶硅的 CMOS 集成电路芯片作为反射式 LCD 的基片,用先进工艺磨平后镀上铝当作反射镜,形成 CMOS 基板,然后将 CMOS 基板与含有透明电极之上的玻璃基板相贴合,再注入液晶封装而成。LCOS 将控制电路放置于显示装置的后面,可以提高透光率,从而达到更大的光输出和更高的分辨率。LCOS 也可视为 LCD 的一种,传统的 LCD 是做在玻璃基板上,LCOS 则是做在硅晶圆片上。前者通常用穿透式投射的方式,光利用效率低,解析度不易提高;LCOS 则采用反射式投射,光利用率可达 40% 以上,而且它的最大优势是可利用目前广泛使用的、便宜的 CMOS 制作技术来生产,不需要额外的投资,并可随半导体制程快速地微细化,逐步提高解析度。而高温多晶硅 LCD 则需要单独投资设

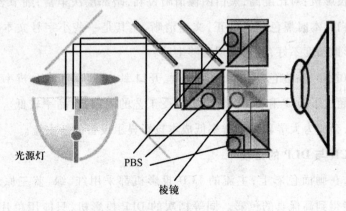

图 2 - 3 LCOS 投影机原理

备,且属于特殊制程,成本不易降低。LCOS 面板的结构类似 TFT LCD,在上下两层基板中间分布隔离物加以隔绝后,再填充液晶于基板间形成光阀,由电路的开关推动液晶分子的旋转,以决定画面的明与暗。LCOS 面板的上基板是 ITO 导电玻璃,下基板是涂有液晶硅的 CMOS 基板,LCOS 面板最大的特点在于下基板的材质是单晶硅,因此拥有良好的电子移动率,而且单晶硅可形成较细的线路,与现有的 LCD 及 DLP 投影面板相比较,LCOS 是一种很容易达到高解析度的新型投影技术。

目前,发展 LCOS 还存在一定的问题:一是行业标准不统一,各厂家的 LCOS 产品各具特色,相对来说上游配套产品也比较复杂,如光学镜头、光机、灯、屏幕等;二是 LCOS 制造工艺还存在瓶颈,良品率受制约,成本相对较高。因此,从目前产品性能、价格与现有市场区分分析,现阶段的 LCOS 技术还是难以与 LCD 或 DLP 技术相抗衡。

2.1.5 几种投影机的比较

CRT 投影机:优点是图像色彩丰富,还原性好,具有丰富的几何失真调整能力;缺点是亮度较低,操作复杂,体积庞大,对安装环境要求较高,此款产品已经慢慢淡出市场,工程上也较少使用。

LCD 投影机:图像色彩饱和度好,色彩层次丰富,但在文本边缘大都有阴影和毛边,在近距离观察大尺寸图像时,可以明显分辨出像素点间隙,尤其是一些 SVGA 产品更加明显。

DLP 投影机:对比度高,黑白图像清晰锐利,暗部层次丰富,细节表现丰富;在表现黑白文本时黑色黝黑纯正,文本清晰,尤其是一些小字号文本时非常清晰,但色彩饱和度不好,色彩表现不够生动。

LCOS 投影机:在色彩、对比度、亮度、开口率、光效率和高分辨率等方面的优势远远超过了 DLP 和 LCD 技术,但是受工艺的限制,良品率较低。如果技术日益成熟,会成为大屏幕高分辨率低成本投影显示设备的新主流。

1. LCD 与 DLP 的比较

目前,在画面色彩上,主流的 LCD 投影机都采用红、绿、蓝三原色独立的 LCD 板,能得到高保真的色彩。同等档次的 DLP 投影机,只能用单片 DMD,只能得到较为正确的色彩,但缺乏鲜艳的色调。LCD 投影机明显缺点是黑白层次表现太差,对比度低。LCD 投影机表现的黑色,看起来总是灰蒙蒙的,阴影部分就显得昏暗而毫无细节。分辨率低的 LCD 投影机画面点阵感太强,好像是隔着网格看画面。DLP 技术是反射式投影技术,对比和均匀性都非常出色,图像清晰度高,画面均匀稳定。最明显的优点就是外形小巧,市场上最小的 DLP 投影机可以做到 0.5kg 以下,但大多数 LCD 投影机的质量超过 2.0kg。

2. LCOS 与 DLP 的比较

在光源利用率上 LCOS 与 DLP 同属于反射式显示系统,但是单片的 DLP 显示利用的是时分红、绿、蓝三色显示,同一时间只有一种颜色处在工作状态,使得光通量减少,光源利用率降低,色调饱和度下降。而 3 片 LCOS 投影机是三色同时显示,光通量大大提高,光源利用率很高,亮度和颜色饱和度都很好。由于 LCOS 制作成本低,所以,很容易以低成本制成 3 片的 LCOS 显示系统。LCOS 和 DLP 采用半导体制程,其反应速度很快,可以实现很高的灰度级,使得色彩更加丰富逼真,尽管单片 DLP 的显示芯片 DMD 的响应速度和 LCOS 差不多,但是三色时分显示要求响应速率以及显示带宽都要 3 倍于 3 片分别处理时的速度,这样就给处理器和芯片提出很高的要求,使得成本进一步的增加。DMD 制程极其复杂,目前,只有德州仪器独家掌握,高分辨率的 DMD 制作成本更高,分辨率难以进一步提高。而 LCOS 技术为多家公司共同竞争发展,技术不断提高,成本也在相应下降。

3. LCOS 与 LCD 的比较

LCOS 为反射式技术,不会像 LCD 光学引擎会因为光线穿透面板而大幅度降低光利用率,因此,光利用率可提高至 40%,与穿透式的 LCD 相比,可减少耗电,并可产生较高的亮度。LCOS 光学引擎因为产品零件简单,因此,具有低成本的优势,再加上中国台湾厂商大举投入,相比于由 Epson,Sony 等厂家供货的 LCD 面板、德州仪器独家供应的 DLP 面板,LCOS 具有成本快速降低趋势。

2.2 投影机的几个重要指标

1. 分辨率

分辨率的表示方法是用画面中水平像素数乘以垂直像素数。提到投影机的分辨率一般不是指投影机可以接收的信号的分辨率,而是指它们的核心光引擎(DMD 芯片、LCD 面板、LCOS 面板等)的物理分辨率。物理分辨率也称标准分辨率,物理分辨率为 XGA 的投影机并不表示投影机只能支持 1024×768 分辨率的图像,可以接收的信号的分辨率有一定的范围,一般投影机会有一个最高分辨率的指标,它表示投影机所能够显示的最高分辨率。需要注意的是,高于物理分辨率的图像即使能够显示,也是经过了插值,导致了画面细节出现损失,使其清晰度要略低于物理分辨率的图像。常见分辨率和表示方法如下:

SVGA:800×600,经济型投影机常见分辨率。

XGA:1024×768,主流商务和教育投影机采用的分辨率。

SXGA+:1400×1050,面向图像等高端专业应用的高档投影机采用的分辨率。

480p:852×480,低端家用投影机采用的分辨率。

720p:1280×720 或 1280×768,中档家用投影机采用的分辨率,可以无损播放 720p 高清视频。

1080p:1920×1080 或 1920×1200,高档家用投影机采用的分辨率,可以无损播放 720p、1080i/p 高清视频。

2. 亮度

衡量投影机亮度的标准有两个:ANSI 标准和 ISO 标准,ANSI 标准在早期及欧美厂商的投影机中使用较多,现在应用的厂商逐渐减少;而 ISO 标准是当前的主流,在日系厂商及新出品的机器中应用增多。投影机亮度来源于机身内的灯泡,本质上也就是投影机灯泡(组)的亮度,目前投影机灯泡的单个亮度可以做到 3000lm 以上,高亮度的投影机一般是双灯,甚至 4 灯,开启多个灯泡时投影机的功率也会增加。如果亮度不够,投影受环境光影响就大,观众也容易疲劳,在立体投影中也会降低观众的沉浸感。屏幕的尺寸和增益也会对人的亮度感觉产生影响,因此,投影机的亮度指标需要配合环境和屏幕来选择。

3. 对比度

对比度是投影机的重要指标之一,在某些应用中甚至与亮度的重要性不相上下。在市场上,销售人员常常将对比度其作为产品的一项重要指标来进行介绍,强调对比度对投影效果的重要性。对比度是最亮画面(可以理解为纯白色)和最暗画面(可以理解为纯黑色)的亮度比值,它反映显示系统能够呈现的动态范围和灰度层次。从视觉感受上讲,比值越大,从黑到白的亮度对比越强烈、灰度渐变层次越丰富,能够获得更锐利、更细腻的主观视觉感受,显示彩色图片时,能够获得鲜明艳丽的效果。相反,如果对比度较低,说明其显示系统的亮度动态范围狭窄——白色不够明亮,黑色不够深沉,画面灰调集中在一个较小的范围,有种灰蒙蒙的感觉,缺乏细节表现,色彩的层次感也会差。

还有一个指标叫做动态对比度,它来源于液晶显示技术,核心思路是通过调整平板液晶的背光强度或是调节液晶投影机的光瞳大小来控制光输出。以投影机为例,该产品实时统计每一幅图像的亮度信息(如亮度动态范围),并基于以上统计信息调整光瞳。光瞳的作用相当于水龙头——光瞳越大,光输出则多;光瞳越小,光输出则减少。在暗场景中,原始图像的最小亮度和最大亮度差值较小,即亮度动态范围狭窄。在这种情况下,通过缩小光瞳和放大原始信号,既可以有效控制投影到屏幕上的光线、也可以扩大数据处理的动态范围,能同时提升对比度和降低暗场噪点,获得更为突出的黑色表现。

动态模式下,动态对比度往往可以比原始对比度高 3 倍~4 倍。然而,值得注意的是,动态对比度并不是由单一画面显示获得,白场亮度和黑场亮度是在两个不同光瞳大小的情况下分别测得。此类投影机实际显示的对比度要比标称的动态对比度小很多。尤其当画面的亮度动态范围比较大时(同时含有明亮部分和较暗部分),动态模式常处于关闭状态。此时,真正反映投影机对比度性能的还是大家所熟知的原始对比度,LCD 投影机最低约为 300:1,DLP 投影机最低约为 2000:1。

商务会议往往要求高亮度的环境,演示的文本内容主要由黑白反差较大的文本和图表构成,图像灰度跨越最黑到最亮,亮度动态范围非常大,也就是说一般真正起到作用的是投影机的原始对比度。因此,用户在选购投影机时,原始对比度特别重要。高原始对比度的产品在黑白反差、清晰度和完整性等方面都具有优势。动态对比度能提升暗场画面的细节再现,在视频、影音环境的打造时需要加以考虑,以兼顾各种投影的应用。

4. 画面均匀度

画面均匀度是指最亮与最暗部分的差异值,就是投影机投射至屏幕,其 4 个角落的亮度与中心点亮度的比值,一般将中间定义为 100%。任何投影机投射出的画面都会出现中心区域与 4 个角落的亮度不同的现象,均匀度反映了边缘亮度与中心亮度的差异,用百分比来表示。当然,理想的均匀度是 100%,均匀度越高,画面的亮度一致性越好。对于投影机而言,画面均匀度可以反映一个投影机的成像器件的质量,它与投影机的光学镜头设计也有很大的关系,一个好的投影机镜头画面均匀度好,亮度一致,散光和漏光通常很少。一般投影机的画面均匀度都在85%以上,有些可以达到95%以上。用户在选购时要对画面均匀度进行测试,除了检查投影机标称指标外,还需要点亮投影机,在一定的投影距离下进行不同颜色的肉眼观察,如果在某些颜色下可以看出四周和中央的差异来,那投影机的均匀度就可能在80%以下。

5. 其他

影响投影机使用的除了以上关键指标外,还有重量、可调换的镜头等,可调节参数的多少也影响着投影工程的建设质量。在工程应用中,专业会议室使用频繁,可能每天都要开机几个小时,能否长期稳定工作也需要考虑,一般专业工程机都可以支持 $7 \times 24h$ 连续开机。

2.3 投影机的选择

目前,工程上采用的投影机一般要根据用户的现场情况、需求、资金情况以及工程商的产品渠道综合而定。LCD、DLP 投影机使用居多,随着市场的不断推广,LCOS 投影机也越来越多地应用于工程中。一般来说,不同的工程商由于项目经验积累和产品渠道的不同,对不同层次的工程投影机的选择上具有一定的偏好性,主要是为了在施工中减少由于不熟悉设备的视频信号兼容性差异带来的信号传输和处理的复杂度,以及规避集成控制的稳定性风险,从而降低成本。

设计者除了要根据空间大小来选择投影机的亮度指标外,还要考虑使用环境的光线条件、屏幕类型等因素。同样的亮度,不同环境光线条件和不同的屏幕类型都会产生不同的显示效果。用户在选择投影机产品时,对于亮度指标要有一个余量,即就高不就低,以免造成某些使用环境下视觉亮度的不足。由于投影机的亮度很大程度上取决于投影机中的灯泡,灯泡的亮度输出会随着使用时间而衰减,必然会造成投影机亮度的下降。投影机产品在使用 2000h 后,亮度衰减很快,因此,用户在选择投影机产品时,一定要对亮度指标有一个全面的考虑。

对于传统的会议室,投影工程建设者总结了一般的亮度选择方式:在 40m²~50m² 的家居或会客厅,投影机亮度建议选择 800lm ~ 1200lm 之间,幕布对应选择 60 英寸 ~ 72 英寸;在 60m² ~ 100m² 的小型会议室或标准教室,投影机亮度建议选择 1500lm ~ 2000lm 之间,幕布对应选择 80 英寸 ~ 100 英寸;在 120m² ~ 200m² 的中型会议室和阶梯教室,投影机亮度建议选择 2000lm ~ 3000lm,幕布对应选择 120 英寸 ~ 150 英寸;在 300m² 的大型会议室或礼堂,投影机多半要选择 3000lm 以上的专业工程用机,幕布则都在 200 英寸以上。这主要是考虑到环境光的影响度,但真正在使用时,如果尽量减少环境光的干扰(如拉上窗帘或关掉前排灯光),视觉效果也难以保证。随着投影技术的发展,高亮度的投影机越来越多,中小型会议室的商用投影机都能达到 2000lm 以上,而大型会议室的工程机的亮度指标一般都会在 6000lm 以上。

在对比度调节方面,不同产品存在着各自的特点,有些产品的对比度调节范围很小,而且调节过程中更多地侧重于改变图像的亮度(增大高亮区域的亮度)。而有些产品的对比度可调范围非常大,不同调节值对图像的效果影响也比较大,这样用户就可以根据不同的显示内容调节对比度,以达到最佳的显示效果。有一些产品对比度调节与亮度调节的差异不大,对比度调节可以辅助进行亮度调节。对比度调节的实现同样与投影机的成像器件和光路设计密切相关,对于液晶投影机来说,首要的因素就是液晶板的像素透光率与阻光率,这个差值越大,投影机的对比度也越大。

目前,大多数 LCD 投影机产品的标称对比度都在 1000:1 左右,而 DLP 投影机的标称对比度能达到 1500:1 以上。对比度越高的投影机价格越高,如果仅仅用投影机演示文字和黑白图片,则对比度在 400:1 左右的投影机就可以满足需要;如果用来演示色彩丰富的照片和播放视频动画,则最好选择 1000:1 以上的对度投影机。从投影技术的发展来看,大多数投影机都能够满足用户对比度的要求。

在多通道拼接投影中,由于整个画面为多台投影机拼接而成,投影机的色彩越是接近,拼接效果越好。从投影机的发光方式来看,LCD 投影机采用光线投射式成像方式,具有两个问题:一是 LCD 板本身就存在出厂色差问题;二是 LCD 板在使用一段时间后出现的老化问题。第一个问题带来的困难是在拼接或融合等对色彩一致性要求较高的场合,虽然可以通过多台机器寻找色差接近的产品或在后期进行校正,但与 DLP 投影机相比,这点大为逊色。第二个问题带来的困难是由于 LCD 板的老化不一致,会在后期引起图像不同区域色彩偏差,局部偏色问题较为严重,严重影响了大屏幕拼接的效果,增加了售后维护的成本。所以在多通道拼接的项目中,一些资深视听设计公司都会避免使用 LCD 投影机。当然这也不是绝对的,前期的成本控制以及用户现有设备等条件也都是需要考虑的因素。

2.4 投 影 幕

一张好的投影幕,才能展现投影机的效果。投影机产品技术和标准很复杂,而说到投影幕,也丝毫不逊色于投影机产品,好的投影幕能够让投影机的效果产生飞跃。

2.4.1 投影幕种类

投影显示技术上有反射和透射,投影幕从功能上也是分为反射式、透射式两类。反射式用于正投,透射式用于背投(正投与背投的介绍见 2.5.2 节)。正投幕又分为平面幕、弧形幕。平面幕增益较小,视角较大,要求环境光较弱;弧形幕增益较大,视角较小,环境光可以较强。目前,正投幕应用比较广泛,而且操作也比较简单,背投幕则更多用在专业工程的显示系统中,其中也包括背投电视这样的集成产品,其优势是抗干扰能力较强,背投建设中对幕的透射性能要求很高,因此背投幕一般比正投幕价格更高。

根据投影幕的材料不同,其光学特性也不同,有对不同的入射光几乎能完全进行扩散反射的扩散型投影幕(白塑幕),有将入射光线沿反方向进行最大限度反射的回归型投影幕(玻珠幕),有具有镜面特性,对入射光线进行定向反射的反射型投影幕(银色珍珠幕、金属幕)。扩散性投影幕的增益(见 2.4.2 节)相对较低,反射型的投影幕增益相对较高。

投影幕按照使用方式则有如下分类:快速折叠幕,电动幕,手拉自锁幕,支架幕,拉线幕,地拉幕,画框幕等。随着应用场合的不同,用户也可以选择不同的安装方式,如壁挂、天花板安装和可移动式等。正投幕一般有电动幕、手动幕、支架幕、地拉幕和商务桌幕等,背投幕则多为定制尺寸,安装时往往需要根据现场环境进行幕墙或支架的配合。

2.4.2 投影幕主要技术指标

1. 增益

增益反映的是屏幕反射(正投)或折射(背投)入射光的能力。在入射光角度一定、入射光通量不变的情况下,屏幕某一方向上亮度与理想状态下的亮度之比称为该方向上的亮度系数,把其中最大值称为屏幕的增益。通常把无光泽白墙的增益定为1,如果屏幕增益小于1,将削弱入射光;如果屏幕增益大于1,将反射或折射更多的入射光。

2. 视角

屏幕在所有方向上的反射是不同的,在水平方向离屏幕中心越远,亮度越低;当亮度降到50%时的观看角度,定义为视角。在视角之内观看图像,亮度令人满意;在视角之外观看图像,亮度显得不够。一般来说屏幕的增益越大,视角越小;增益越小,视角越大。在多人观看的场合(如教室),为了便于学生观看,投影幕多采用白塑幕/玻璃珠幕,增益相对较低,但可以获得较大的视角。

3. 其他

(1)宽高比。宽高比是指屏幕的宽和高的比率,较常见的有4:3、16:9和16:10等,换一种表示方式就是1.33:1、1.85:1等。宽高比常见于用于单通道投影的标准幕指标。多通道融合拼接的宽高比往往需要计算,多以宽×高的尺寸表达式为主要指标。

(2)尺寸。屏幕的尺寸是以其对角线的大小来定义的,一般定义单画面屏幕的尺寸。传统图像的宽高比为4:3,一些教育用投影幕为正方形,面向家庭影院的投影幕的比例多为16:9。例如,一个100英寸(对角尺寸为2.54m)的4:3的屏幕,根据勾股定理,很快就能得出屏幕的宽为2m,高为1.5m。对于拼接投影来说,投影幕的尺寸大多根据现场环境进行设计和定制,不再使用简单的对角尺寸来描述。例如,如果是一个双通道的投影,采用拼接投影机的物理分辨率为1024×768,融合区的宽度为256(物理像素),那么最终显示的物理分辨率是1792×768,如果设计高度为1.8m,则宽度应为4.2m。

(3)均匀度。类似于投影机的均匀度,也是需要投影画面才能表现出来。它是指从屏幕中心到边缘的亮度分布是否均匀,通过专业的对图像进行多点测试可以得出。理想的均匀度是100%,但一般都无法达到。从视觉上看,均匀度高的屏幕能够更好地保证图像的亮度和色彩的一致性。

(4)光能利用率。对于背投幕,光能利用率是透光率;对于正投幕,它是反射率。有些屏幕的增益控制实际上就是靠表面不同光学特性的涂层和材料的厚度改变光能利用率进行调节的。

2.4.3　投影幕的选择

在工程中,大屏无缝拼接系统所使用的屏幕担负着视觉中心的重任,至关重要。如果投影幕选择不合适,就相当于为整个系统设置了一个瓶颈。无论系统其他设备性能多么优良,整体视觉效果都会受到抑制,无法把系统的完美性能充分展现出来,因此,对于大屏拼接屏幕的选择不容乎视。

1. 选购或定制屏幕应考虑到的因素

1)建筑结构情况

这主要指建设大屏幕投影所需要的环境特点,会议室建筑结构决定了大屏幕的尺寸和位置以及投影实现方式。

2)视觉需求

包括主要观察者数量和位置、次要观察者数量和位置以及照明情况。

在设计大屏幕显示系统时,与普通观看显示器不同,由于大屏幕的功能不仅是显示信息,而且是共享信息和综合信息,特别是大屏幕显示不可能给予观看者相同的地位和观看效果,所以,区分和确定主要观看者、次要观看者的人数、观看位置和观看方式就相当重要。设计者应该根据观察者观察通道和观看位置来确定大屏幕的位置和尺寸。

此外,系统环境是会议场所,也会有一定的照明需求设计,灯光效果也会对大屏幕显示有影响,应一并考虑。灯光的照度及其均匀性,直接影响大屏幕显示亮度和对比度的确定,因此,应给予充分的重视。

3)系统信息情况

包括信号的性质(计算机图文、视频)、信号的分辨率、信号的来源和传输方式、信号的数量以及并行显示的要求和窗口排布方式。

显示设备(系统)主要的作用是将信号真实地再现,因此,了解显示信号对选择什么样的大屏幕显示技术有着直接的指导意义。设计者需要根据信号的数量及同时显示的要求(并行显示多少个信号),结合观看者的位置和距离决定大屏幕的尺寸和显示单元的数量。

2. 如何选择大屏幕以及无缝拼接的屏幕

1)结合系统环境确定屏幕的几何尺寸

在屏幕比例选择上,通常家用投影机会考虑搭配宽屏幕,因为家庭影院所播放的影片多为 16∶9 的比例,一般商务教育或会议演示更常用 4∶3 的比例,多用于文档、演示等多媒体功能。要选择最佳的屏幕尺寸主要取决于使用空间的面积和观众座位的多少及位置的安排。首要的规则是选择适合观众的屏幕,而不是选择适合投影机的屏幕,也就是说要把观众的视觉感受放在第一位。对大型会议室的无缝拼接投影幕来说,尺寸的选择要根据现场环境而定,一般都要定制并配合装修进行安装。

根据人机工程学原理,有人提出了以下设计原则:

(1)根据最远观看距离来计算屏幕高度。最远观看距离的定义是最后排、最边上观看者距离屏幕的距离(MDV)。一般大屏幕显示的高度 $H = MDV/(4 \sim 8)$。

(2)根据最近观看距离来确定屏幕宽度。最近的观看距离指第一排观看者距大屏幕的距离,由于第一排最边缘的观看者在看大屏幕另一侧时会出现比较明显的亮度变化,因此第一排观看者距大屏幕的距离和第一排桌位的安排与大屏幕的宽度相关。一般地,最边缘观看者与另一侧观看的图形不超过45°,最多不超过60°。

(3)大屏幕距地面的高度应保证后排观看者的观看,即应超过前排工作人员的头的高度。有条件的话,会议室可以设计成阶梯形式。大屏幕距地面的高度应不低于第一排桌子的高度。

在实际设计中,更多的是考虑用户对于房间布局和使用情况的需求,根据与会人数和会议方式对投影幕进行合理的设计,投影幕的尺寸要保证整个会议室的大气和美观,能够满足不同的会议方式和功能(如要兼顾多媒体汇报,专业软件操作和高清影音播放等)。根据与会人数可以灵活摆放桌椅,但一般来讲,第一排的桌椅与屏幕的距离最好能在 2 倍于屏幕高度以上,为了避免遮挡,在没有条件做阶梯的会议室要尽量使屏幕底边的高度高于第一排桌子的高度。这些都要根据空间情况而定。屏幕的宽度往往是根据高度和通道数而确定,通过对融合区域的设定使得屏幕的投影有效区域控制在一定的比例上。

2）选择大屏无缝拼接屏幕应考虑的指标

（1）增益和视角。

选择定制屏幕，主要考虑的指标就是增益和视角，选择高端品牌投影幕，其产品材料和工艺对均匀度、平整度等指标都有比较好的保证。选择定制屏幕不仅仅是选择尺寸，还是选择增益的过程。

幕布的指标参数中，增益和视角一起成为决定最佳视听环境的重要因素。这是一对矛盾的参数，在工程上要通过考虑用户的实际环境和需求来进行增益和视角的选择。

在以前的拼接投影系统中，由于受技术限制，投影机的亮度无法做到很高，所以，为了增加投影亮度，对屏幕一般都要求比较高的增益率，但是这样会影响对比度和色彩细腻程度。目前，投影技术的发展非常迅速，投影机的亮度已经不是问题，所以，对投影幕的要求中，高增益就不是那么重要了，而同时要考虑的指标还有屏幕的平整度、视角、对比度和均匀度。

在普通投影建设中（无立体投影需求），根据用户的应用环境和屏幕尺寸可以选择适合的增益和视角，由于屏幕的增益越大，屏幕的视角就会越小，在大屏幕无缝拼接系统中，考虑到双通道以上的投影往往需要做软边融合，而较高增益的幕布的融合区的亮度随着视角变化比较明显，因此，不能选择增益过高的屏幕。一般正投融合需要屏幕增益在 1.0 以下，背投融合需要增益在 0.8 以下。低增益带来的亮度降低完全可以通过专业投影机的高亮度来补偿，而且投影机高亮度、投影幕低增益的搭配更适用于多人观看的场合。

画面的分辨率直接影响到画面的清晰程度，不同的屏幕材料拥有不同的分辨率，各种透镜材料的屏幕不论从视角还是分辨率方面都会影响到画面的显示分辨率和清晰度。

单通道就不需要考虑融合的要求，选择上追求最佳的视觉效果即可。家用产品中白幕应用很广泛，也是能够发挥最好效果的投影幕之一，最合适的使用场所是各处遮光良好的专业影音室，而灰幕产品虽然可以吸收杂光，提升画面对比效果，但很多产品会影响画面的原色，玻珠幕的应用很广泛，主要特色是提高亮度。至于商务投影幕，白墙和白塑幕效果基本可以满足需求，高增益产品应该是首选。很多电影院的幕布都是透声幕，多孔的幕布在一定程度上增加了对比度的同时，更加兼顾了幕后的专业音响效果的展现。

在虚拟现实系统(立体投影)中,如果采用被动式立体投影,屏幕需要使用专业的三维(3D)金属幕,它具有很高的色彩还原度、亮度均匀度、较高的增益以及相对较大的视角,充分有效地利用了投影机的光能,可以获得最佳的虚拟现实显示效果。普通的玻璃幕、压纹塑料幕由于漫反射过强、色彩还原度低等因素的影响会大大降低被动式立体显示效果。如果是主动式立体投影,没有必须是金属幕的要求,但是金属幕对于 3D 效果的增强还是有比较好的作用的。

(2)均匀度和平整度。

好的均匀性能够保证屏幕水平方向、垂直方向从 0°~180°观看时,画面亮度和色彩的一致性,屏幕的均匀性不但和投影机的投影技术息息相关,还和屏幕本身的材料有关,屏幕表面材料的均匀性对投影机的画面均匀性起到了良好的补充作用。同时,投影幕应尽量减少折痕和褶皱。

(3)超大无缝。

在满足用户对投影幕亮度高(增益高)、平整度好、均匀性高要求的同时,大屏幕无缝拼接系统中对于屏幕还要求足够大并且屏幕本身没有缝隙缺憾。显然,这个时候用拼接的屏幕将大大降低屏幕的效果,影响屏幕直观的视觉冲击。所以,整张无缝的大屏幕更符合大屏幕拼接系统的需求。

3)选购大屏无缝拼接屏幕应考虑的其他因素

大屏幕无缝拼接系统的应用已从最初的虚拟仿真及虚拟现实的应用广泛扩展到指挥控制、虚拟仿真培训、工业制造设计以及科学研究和复杂决策过程,并且在展览展示、广告、娱乐领域的应用也越来越流行。屏幕的放置也不再局限于室内环境,因此,还应针对环境考虑用易于维护的产品,如可清洗性、温度承受范围、抗环境光影响能力等特性。

3. 屏幕的品牌指导价值

目前,屏幕的划分不再简单成正投/背投,硬幕/软幕,而是越来越细化。例如,适合于边缘融合技术的屏幕、专用模拟仿真的屏幕、能透声的屏幕、电动屏幕等。一般融合拼接大屏幕投影和虚拟现实投影都不会选择电动屏幕,一是因为电动屏幕没有过大尺寸的,更重要的是多通道融合拼接和虚拟现实投影的区域需要精确到像素级,电动屏幕难以保证平整度和每次垂下的位置。真正的屏幕专家会为用户提供专业的建议,有能力提供全线的产品,给用户最贴心的支持。知名度高的厂商的产品会为工程商提供较大的选择空间,更好地保证屏幕的质量。

2.5 投影建设方式

2.5.1 通道数

通道意味着屏幕上的一个画面,对于普通投影,一台投影机投射到屏幕上一个区域就叫做一个通道的投影。对于虚拟现实投影(被动式立体投影)来讲是两台投影机,因为虚拟现实投影要求每个通道由两台投影机分别投射经过左右眼的图像到同一个位置上。一般情况下,在单通道尺寸固定的情况下,通道数的多少直接关系到屏幕横向尺寸的大小。用户为了追求大视野大画面的视觉效果,往往会采用两个通道以上的建设方案。

在大型会议室中,多通道、大视野、多信号高清显示的大屏幕投影建设已经成为一种行业趋势。如图2-4所示为三通道拼接投影示意图。

图2-4 三通道拼接投影示意图

2.5.2 投影方式

按照投影方式,投影系统可以分为正投式和背投式两种,其主要区别是正投式依靠反射光显示,投影机和观众处于屏幕的同侧;背投式依靠透射光显示,投影机和观众在屏幕的两侧。安装方式可以有多种,可以固定在投影机架或特制台面上,也可以吊装到天花板上,需要根据现场需要进行设计。正投影和背投影所选用的投影幕也不同。

1. 正投式(Front Projection)

正投是在投影幕前方设置投影机,以投影幕来反射投影的一种投射类型。观众和投影机在屏幕的同侧。

在电影院,一般就采用正投影的方式,正投影往往会受到环境光线的影响,为了保证影像的品质,需要考虑到环境光线的控制,避免自然光等对显示效果的影响。正投影建设的环境适用性较强,常见于各种会议室、研究室、视听教室、多媒体展示厅等。

图 2-5 采用正投吊装方式,投影出射画面只需要垂直和水平翻转即可,在投影机的设置中一般会有正投吊装的选项来实现此功能。

图 2-5 正投吊装示意图

正投影建设方式安装简便,节省空间,屏幕成本较低,但抗自然光干扰能力较差,对使用环境要求相对较高,使用者在幕前的活动对图像存在着一定程度的遮挡。

2. 背投式(Rear Projection)

背投是在投影幕背面设置投影机,从投影幕里面来进行投射的投射类型。观众和投影机在屏幕的两侧。

在背投式系统中,投影机通过投影幕背面来进行投影,背投系统投影的主要优点:由于背投影需要独立的背投空间,往往需要在会议室进行幕墙的建立并打造封闭的背投间环境,此方式抗环境光干扰能力强,更不会存在幕前的光线遮挡,可以应用于决策、汇报等需要演讲者经常在幕的前方活动的场合。又因为背投影建设中,投影器材是设置在屏幕后面的,所以不影响室内布局。

如果空间足够,背投也可以采用吊装的方式。但是往往背投空间需要尽量的小,在实际工程中多采用背投一次反射甚至二次反射方式,一次反射是通过高平整度的真空镀膜镜将投影机图像反射到幕上已达到增加光程的目的,如图2-6所示的背投系统设计中采用的即是一次反射,二次反射则需要在光路中增加一套反射镜,进行两次反射,但由于多通道融合时会大大增加调整的复杂度,更适合用于单通道的情况。

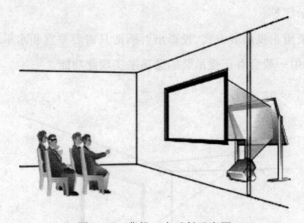

图2-6 背投一次反射示意图

2.6 投影建设相关技术

2.6.1 边缘融合技术

边缘融合技术就是将一组投影机投射画面的部分边缘进行重叠,并通过融合技术显示出一个没有缝隙、更加明亮、超大、高分辨率的整幅画面,画面的效果就好像是一台投影机投射的画质。

当两台或多台投影机组合投射一幅画面时,会有一部分影像灯光重叠,边缘融合的最主要功能就是把两台投影机重叠部分的灯光亮度按照某种衰减方式调低,使整幅画面的亮度一致。

多通道拼接的投影技术经历了3个发展阶段:硬边拼接、重叠拼接和边缘融合拼接,现在常提到的边缘融合就是指边缘融合拼接,也叫软边融合。

硬边拼接:一种简单的拼接方式,即两台投影机的边缘对齐,无重叠部分。

显示效果上表现为整幅画面被一道缝分割开。如果投影机边缘未做亮度增强
处理,该接缝显示为黑色;如果投影机边缘做了亮度增强处理,该接缝显示为白
色,如图2-7所示。

图2-7　硬边拼接

　　重叠拼接:即两台投影机的画面有部分重叠,但没有作重叠区域的线性/非
线性衰减处理,因此,重叠部分的亮度为整幅其余部分的2倍,在显示效果上表
现为重叠部分为一亮条带,如图2-8所示。

图2-8　重叠拼接

　　边缘融合:与只是简单重叠的方法相比,左投影机的右边重叠部分的亮度
线性/非线性衰减,右投影机的左边重叠部分的亮度线性/非线性增加。在显示
效果上表现为整幅画面亮度完全一致,如图2-9所示。

图2-9　边缘融合

双通道以上的融合拼接投影才需要进行融合处理,除了左右两通道的融合,上下相邻通道也可以融合,所以严格来讲,多通道融合是指 $m \times n$(m,n 为正整数,且至少有一个大于1)通道的大屏幕融合的场合。图 2-10 表现了一个最简单的三通道融合投影的系统结构。

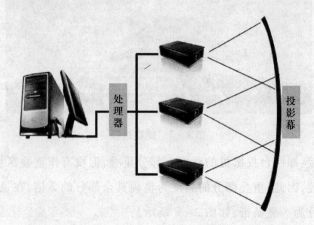

图 2-10 三通道融合投影示意图

2.6.2 几何校正

投影机的几何校正即投影画面的形变校正。在进行投影建设时,由于环境限制,投影机出射光线不能正垂直于屏幕,或者由于屏幕非平面,导致投影的图像发生畸变,需要进行图像的校正来恢复横平竖直没有扭曲的可以正常观看的图像。校正的方式主要包括投影机位置和姿态调整,在投影机上进行参数设置以对图像进行调整,以及在投影机之前进行输入图像的处理几个常用方式。常见的屏幕类型包括平面和曲面以及两者混合的方式。最常见的是平面幕,它的几何校正相对比较简单,一般是由于投影机相对于垂直屏幕位置的俯仰、倾斜、偏转造成的,如图 2-11 ~ 图 2-13 所示。可以想象,由于投影机出射光程产生

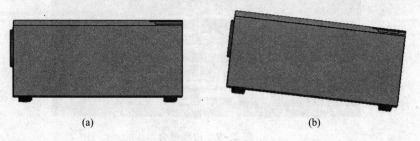

(a)   (b)

图 2-11 投影机俯仰(仰头)

(a)　　　　　　　　　　(b)

图 2 - 12　投影机倾斜

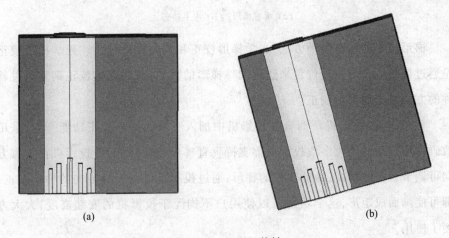

(a)　　　　　　　　　　(b)

图 2 - 13　投影机偏转

的差异导致了图像发生形变,俯仰可以导致上梯形和下梯形的结果,偏转可以导致左梯形和右梯形的结果,而倾斜没有带来光程差,导致图像同步倾斜。

　　在投影机的日常使用中,投影机的位置尽可能要与投影幕成直角才能保证投影效果(图 2 - 14)。如果无法保证二者的垂直,画面就会产生梯形,如图 2 - 15 所示。在这种情况下,用户需要使用"梯形校正功能"来校正梯形,保证画面成标准的矩形。

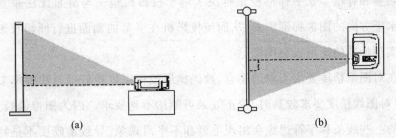

(a)　　　　　　　　　　(b)

图 2 - 14　投影机正垂直于投影幕的投影

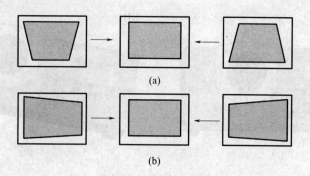

图 2 - 15　投影机未正投影于屏幕引起的梯形

(a) 垂直梯形；(b) 水平梯形。

梯形校正通常有两种方法：光学梯形校正和数码梯形校正。光学梯形校正是通过调整镜头的物理位置来达到调整梯形的目的；数码梯形校正则是通过软件的方法来实现梯形校正。

目前，很多投影机厂商都在投影机中加入了数码梯形校正功能，而且采用数码梯形校正的绝大多数投影机都支持垂直梯形校正功能，即投影机在垂直方向可调节自身的高度，由此产生的梯形，通过投影机进行垂直方向的梯形校正，即可使画面成矩形，这个功能可以使用户不拘泥于投影机的安装高度，大大方便了使用。

但在实际应用中，除了需要垂直梯形校正之外，还常常出现因投影机水平位置的偏置而产生的梯形，也就是说，由于投影机和投影幕安装或摆放不合理带来符合梯形的形变。这种情况下，一般需要保证投影幕固定在应有位置后，先调整投影机到工程允许的最佳投影姿态，然后再进行其他的可辅助校正的处理。许多投影机厂商已经研发出"水平梯形校正"的功能。水平梯形校正与垂直梯形校正都属于数码梯形校正，都是通过软件插值算法对显示前的图像进行形状调整和补偿。水平梯形校正解决了由于投影机镜头与屏幕无法垂直而产生的水平方向的图像梯形失真，从而使投影机在屏幕的侧面进行倾斜投影时也可以实现标准的矩形投影图像。

在对图像精度要求不高的场合，数码梯形校正可以很好地解决梯形失真问题，但对图像精度要求较高时，校正效果可能达不到要求。因为图像经校正后，画面的一些线条和字符边缘会出现毛刺和不平滑现象，导致清晰度不是特别理想，特别是在进行大屏幕融合拼接时，经过数码畸变校正的图像会带来融合拼接质量的下降。因此,在进行大屏幕融合拼接时,最好的方式就是保持梯形校正参数归零,投影机垂直于屏幕或其扩展平面放置,通过镜头的水平和垂直位移将图像打到合适的位置,如果实在不能避免投影机的非垂直于屏幕的放置,但前置图形处理功能足够多的话,优先考虑在融合之前进行输入图像的处理,通过非线性的局部调整去掉畸变,同时保证融合区域的质量。

曲面幕通常指的是二次曲面,常见的是弧形(圆柱)、球面。即使投影机垂直于屏幕(垂直于柱幕或球幕的某个切面),由于投影图像具有一定的尺寸且屏幕不是平面,图像各个位置到达屏幕形成反射(或折射)的光程不同,导致了图像的畸变。

此类畸变,更多时候需要通过具有畸变校正功能的图形处理器来处理,通过对输入图像的非线性网格化的调整,使得图像能够很好地匹配在屏幕曲面上而没有局部明显的形变,从而满足视觉要求,如图 2-16 所示。

图 2-16 曲面畸变校正示意图

这里不讨论由于投影机光学镜头引起的畸变问题。工程应用中,在成本许可的范围内,应该选择优质的产品和好的光学镜头。

2.6.3 色彩校正

投影机的色彩产生原理不尽相同,有通过三原色光束叠加产生的,有通过色轮旋转产生的,当然还有一些其他的方式,随着投影机技术的发展,新的颜色生成方式也会越来越多。但即使是相同的投影机,由于硬件的细微差异,每台投影机的颜色不会完全一致,差异较大的可以通过肉眼观察出来,这个时候就需要进行色彩的校正,否则会影响视觉效果。在多通道融合投影建设中,如果不同通道的颜色差异很大,就会影响融合效果。色彩校正的好坏,直接影响到多通道融合图像的色彩质量,均一的色彩更能够表现大视野场景的绚丽。

目前,大多数投影机都有色彩校正的设置,可以通过三原色的亮度值调整白色的构成,也可以通过色品图坐标进行调节,还有其他方式,但原理都大同小异,都是调整投影机的内部参数对颜色进行控制,但是调节起来相对复杂。

色品图是以不同位置的点表示各种色品的平面图。1931 年,由国际照明委员会(CIE)制定,故称 CIE 色品图,如图 2 – 17 所示。描述颜色品质的综合指标称为色品,色品用如下 3 个属性来描述。

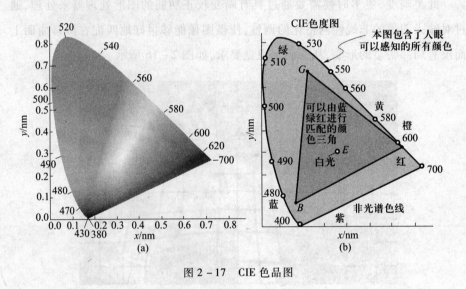

图 2 – 17　CIE 色品图

(1) 色调。色光中占优势的光的波长称主波长,由主波长的光决定的主观色觉称色调。

(2) 亮度。由色光的能量所决定的主观明亮程度。

(3) 饱和度。描述某颜色的组分中纯光谱色所占的比例,即颜色的纯度。由单色光引起的光谱色认为是很纯的颜色,在视觉上称为高饱和度颜色。单色光中混有白光时纯度降低,相应地饱和度减小。例如,波长为 650nm 的色光是很纯的红色,把一定量白光加入后,混合结果产生粉红色,加入的白光越多,混合色就越不纯,视觉上的饱和度就越小。

在色品图中,x 坐标是红原色的比例,y 坐标是绿原色的比例,代表蓝原色的坐标 z 可由 $x + y + z = 1$ 推出。色品图展示了人类肉眼能看到的所有颜色,右侧图中的三角形是红、绿、蓝三基色所能表示的颜色范围,其中 E 点为白色,还有很大范围的颜色不能表示,不过它可以表示的色彩范围变化丰富,足以展现比较亮丽的画面。图中弧线上的各点代表纯光谱色,此弧线称为光谱轨迹。从 400nm(紫)~700nm(红)的直线是光谱上没有的紫—红颜色系列(非光谱色)。中心点为纯白色,相当于中午太阳光的颜色,其色品坐标为 $x = 0.3101$,$y = 0.3162$。

通过三原色分量调节改变组合颜色的方式对没有太多颜色理论基础的人比较困难。通过色品图调节可以仅仅调整中心点的 x,y 坐标值,通过观察进行调整,使得投影机的色彩向着基准通道靠拢,更容易让多通道的色彩趋向一致。

随着硬件技术的发展,目前有很多图形处理器的功能也越来越趋于完善,甚至有些图形处理器集融合处理,畸变校正,色彩校正于一身,大大减少了视频传输和处理环节,降低了系统的物理连接的复杂度,因此,通过前置的图形处理器进行色彩调节也不失为一个好的途径。

2.7 大屏幕投影的实现

2.7.1 大屏幕投影系统设计

大屏幕投影系统是智能视听会议室的重要组成部分,也可以单独建设。在设计整个会议室系统时,要考虑到所有的设备组成,包括大屏幕投影系统、音视频处理系统、中央控制系统和各种附件和线材。工程商在对系统功能组成有个整体的把握后即可进行初步方案报价和合同签订环节。在这个过程中,可以进行系统功能拓扑图的绘制,最终实现效果的约定。合同签订后就可以进行系统的详细设计。

首先,根据用户环境设计投影方式、通道数、投影幕位置、安装方式及其投影有效尺寸(指真正投影图像的区域)。这些设计决定了装修施工或者环境改造如何进行,此环节需要与用户进行不断的沟通,必要时需要出具不同的效果图来进行参考和选择。

其次,根据环境和用户要求选择投影机和投影幕的指标,包括投影机的亮度、对比度、灯泡寿命、是否支持 7×24h 连续开机(用于长期长时间会议的专业用户)、投影幕的增益、视角、边框样式等,这些决定了最终的视觉效果,也是整个系统建设体现效果的关键要素。另外还要考虑配合镜头的投影距离比、是否可更换、水平和垂直位移调整范围如何等参数,这些都决定了投影机在施工中的位置。有时即使投影机各项指标都满足,但没有合适的镜头配合,也会导致无法按照设计位置安装,也就无法选择相应投影机。

在投影机和投影幕基本固定下来后,就要按照投影方式进行室内的布局规划,包括机柜(各种处理设备放置处)位置、信号源位置、各种强弱电走线、音响位置等。根据用户的综合需求,对会议室或其他环境进行综合功能的设计,可能涉及到会议话筒的位置及走线、音箱数量和位置的确定、灯光分组及控制效果的设计、摄像头的走线及控制线路等。

对于硬拼接或者不需要拼接的投影方式而言,投影机使用相对独立,没有和其他投影的重叠区域,对于需要进行多通道融合拼接的投影方式而言,各投影机的选择仍然需要考虑色彩一致的问题,虽然可以通过色彩校正把各个画面调整到均匀一体的效果,但是如果选择投影机时能够采用色彩差异小的机器,就可以大大减少调节的难度。

对于柱幕来讲,除了融合还需要进行畸变校正,要求画中画功能的系统还需要进行多信号源的实时画中画处理,这些都需要相应的图形处理设备,如融合拼接处理器。常见的图形处理设备主要有两类:一类是基于采集卡的工控机;另一类是基于 ARM 或者 FPGA 的嵌入式硬件设备。基于采集卡的工控机自带操作系统,可以自己成为一路动态信号源,通过软件进行融合和畸变校正等功能调整相对方便,但是带宽相对较低,对机器性能要求较高,需要系统维护。嵌入式系统能够支持多路信号源同步输入,带宽相对较高,能够 $7 \times 24h$ 稳定工作,上电自动运行,可以通过串口指令改变处理模式,更有利于中央控制系统的集成,但是调试相对复杂,需要外接计算机进行调试。

2.7.2　大屏幕显示扩展

在大屏幕投影技术的最后需要指出的是,大屏幕显示不仅仅局限于投影机加投影幕的设计,大尺寸平板显示设备、多种类型的拼接显示单元以及大尺寸LED 显示屏等越来越多,且技术发展也越来越成熟。目前,这些产品在大屏幕系统集成中都占有一定的份额,下面对其他大屏幕显示终端进行简单的介绍和比较。

1. 大尺寸平板显示设备(图 2 – 18)

随着 CRT 电视机的淡出市场,无论是液晶、等离子还是背投电视,都在向着更薄、更大尺寸发展,50 英寸,70 英寸,以及后来出现的 103 英寸等离子电视,使传统的 29 英寸已经成为了人们眼中的小尺寸。在环境空间相对较小的工程上,尤其是一些中小型会议室,使用投影的话,只需要一台投影机,无拼接,投影区域不超过 100 英寸,一个大尺寸电视也能够满足演示汇报的需求,而且还可以降低工程安装难度,因此,也是中小型会议室常用的设备。

与投影相比,大尺寸电视的安装简便,集成的音视频接口丰富,既可以用作电视,又可以用作其他信号源的显示设备,空间利用率较高,但是尺寸越大,价格越昂贵,而且分辨率适应性较差。

2. 拼接显示单元(图 2 – 19)

当大尺寸的平板显示设备无法满足要求时,人们想了一个很巧妙的办法,就是让平板显示器向投影一样拼接(硬拼接)起来,$M \times N$ 个平板电视像搭积木一样组合起来构成一个拼接墙,通过图形分配设备把整个墙体当做一个大的显示器来使用,还能够进行多信号源的多窗口画中画显示,并能够实时地变换显示模式。这样不但可以大大提高显示的视野,还可以将小的显示单元的分辨率累加起来,大大的提高整体的显示分辨率。

图 2 – 18　平板电视　　　　　　　　图 2 – 19　背投拼接墙

目前,市场上常见的拼接单元类型有 LCD、LCOS、DLP、PDP(等离子),在专业市场上都经常用到。与单纯的投影拼接相比,拼接单元具有分辨率高、安装简单的特点,但是单元与单元之间不可避免地存在着接缝,尤其是带边框的液晶拼接,接缝对视觉的影响较大,拼接墙的价格相对昂贵。

3. 大尺寸 LED 显示屏(图 2 - 20)

LED(Light Emitting Diode,发光二极管)显示屏是通过控制半导体发光二极管显示内容的,最简单的单色 LED 屏幕是由很多个(通常是红色)LED 组成,靠灯的亮灭来显示字符,一般用于显示滚动的文字信息。目前,彩色 LED 屏幕广泛应用于各种室内外展示,最初彩色 LED 屏幕是通过红、绿、蓝 3 种颜色 LED 灯组合成一个像素,通过控制其亮暗来合成所需颜色,之后随着单个彩色 LED 灯的普及,大大提升了 LED 彩屏的视觉效果,也使得 LED 屏幕的物理结构越来越致密。LED 彩色大屏幕常用于显示动态的文字、图形、图像、动画、广告视频、高清录像信号等信息。

图 2 - 20　LED 显示屏

在功能上,LED 显示屏可以分为图文显示屏和视频显示屏,均由 LED 矩阵块组成。图文显示屏可与计算机同步显示汉字、英文文本和图形;视频显示屏采用微型计算机进行控制,实时、同步、清晰显示二维、三维动画。LED 显示屏画面色彩鲜艳,立体感强,在各个公共场所都有广泛应用。

LED 显示屏具有亮度高、工作电压低、功耗小、小型化、寿命长、耐冲击和性能稳定的特点,其发展前景极为广阔,目前正朝着更高亮度,更高耐气候性,更高的发光密度,更高的发光均匀性、可靠性、全色化方向发展。

与投影相比,LED 显示屏最大优势在于可以用于室外环境,抗干扰能力极强;但其价格非常昂贵,且屏幕由 LED 组成,像素点之间有明显的缝隙,会影响近距离视觉效果,更适合远距离观看。

作为从事视听系统集成的专业人员,有必要对领域内的显示设备有所了解,清楚它们的差异,在工程中根据用户的需求进行合理选择。其他各类显示设备的详细建设方法不在本书的讨论之列。

第3章

虚拟现实技术

3.1 虚拟现实技术及应用

3.1.1 虚拟现实概述

广义的虚拟现实(Virtual Reality,VR)是一种基于可计算信息的沉浸式交互环境,具体地说,就是采用以计算机技术为核心的现代高科技生成逼真的视、听、触觉一体化的特定范围的虚拟环境,用户借助必要的设备以自然的方式与虚拟环境中的对象进行交互作用、相互影响,从而产生亲临等同真实环境的感受和体验。此技术可以使用户真正进入一个由计算机生成的交互式三维虚拟环境中,与之产生互动,进行交流。通过参与者与仿真环境的相互作用,并借助人本身对所接触事物的感知和认知能力,帮助启发参与者的思维,以全方位地获取环境所蕴含的各种空间信息和逻辑信息。

虚拟现实是在计算机图形学、计算机仿真技术、人机接口技术、多媒体技术以及传感技术的基础上发展起来的交叉学科,对该技术的研究始于20世纪60年代,直到90年代初,虚拟现实技术才开始作为一门较完整的体系而受到人们极大的关注。同时由于软硬件环境的限制和研究应用方向的不同,人们对虚拟现实技术的理解也各不相同。总的来说,虚拟现实技术是一种综合应用各种技术制造逼真的人工模拟环境,并能有效地模拟人在自然环境中的各种感知系统行为的高级的人机交互技术。虚拟环境通常是由计算机生成并控制的,使用户身临其境地感知虚拟环境中的物体,通过虚拟现实的三维设备与物体接触,从而真正实现人机交互。

虚拟现实技术的发展始终围绕它的 3 个特征而前进,即沉浸感(Immersion)、交互性(Interactivity)和构想性(Imagination)。这 3 个重要特征使其和与其相邻近的技术(如多媒体技术、计算机可视化技术等)相区别。沉浸感是指计算机生成的虚拟世界能给人一种身临其境的感觉,如同进入了一个真实的客观世界;交互性是指人能够很自然地跟虚拟世界中的对象进行交互操作或者交流;构想性是指虚拟环境可使人沉浸其中并且获取新的知识,提高感性和理性认识,从而深化概念并萌发新意。因此可以说,虚拟现实可以启发人的创造性思维。

从系统的层面看,虚拟现实是多种软硬件相结合技术的综合,包括实时三维计算机图形技术,广角(宽视野)立体显示技术,对观察者头、眼和手的跟踪技术,以及触觉/力觉反馈、立体声、语音输入/输出技术等。下面对这些技术分别加以说明。

1. 实时三维计算机图形技术

相比较而言,利用计算机模型产生图形图像并不是太难的事情。如果有足够准确的模型,又有足够的时间,就可以生成不同光照条件下各种物体的精确图像,但是在进行实时计算机图形显示时就比较困难。例如,在飞行模拟系统中,图像的刷新相当重要,同时对图像质量的要求也很高,再加上非常复杂的虚拟环境,实时渲染就变得相当困难,需要性能更好的硬件的支持。

2. 广角(宽视野)的立体显示技术

要进行立体显示,即通过技术手段让人产生立体视觉,首先要明白产生立体视觉的原理。

如图 3-1 所示,当人看周围的世界时,由于两只眼睛的位置不同——存在着瞳距,看到的图像略有不同,这些图像在脑子里融合起来,就形成了一个关于周围世界的整体景象,这个景象中包括了距离远近的信息。当然,距离信息也可以通过其他方法获得,例如眼睛焦距的远近、物体大小的比较等。

通过显示差异形成立体视觉就是基于视差的原理,使进入左右眼的信号略有差异,常见的红蓝立体电影就是通过红蓝眼镜配合红蓝立体电影实现的,红

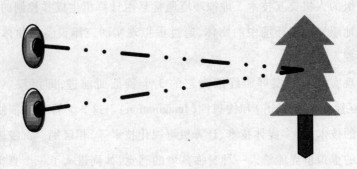

图 3 - 1　双目立体感原理

色镜片和蓝色(或绿色)镜片分别过滤了两只眼睛对应的光谱图像,两只眼睛接收到就是两个带有差异的信号,从而产生立体感,但是由于颜色偏差的存在,观看起来会有比较明显的不适感。

专业的立体显示是也是同样的原理,通过计算机产生带有差异的信号,并在显示时分离开来,通过技术手段使分开的信号分别进入观察者的左右眼,从而产生了立体感。

在虚拟现实系统中,双目立体视觉起了很大作用,从某种角度上讲,立体视觉是虚拟现实系统的核心。用户的两只眼睛看到的不同图像可以是分别产生的,显示在不同的显示器上(如头盔显示器)。有的系统采用单个显示器,但用户带上特殊的眼镜后,一只眼睛只能看到奇数帧图像,另一只眼睛只能看到偶数帧图像,同时进入两只眼睛的画面之间的差异也就是视差就引起了立体感。

3. 用户(头、眼)的位置姿态跟踪技术

在人造环境中,每个物体相对于系统的坐标系都有一个位置与姿态,而用户也是如此。用户看到的景象是由用户的位置和头(眼)的方向来确定的。

跟踪头部运动的虚拟现实头套:在传统的计算机图形技术中,视场的改变是通过鼠标或键盘来实现的,用户的视觉系统和运动感知系统是分离的,而利用头部跟踪来改变图像的视角,用户的视觉系统和运动感知系统之间就可以联系起来,感觉更逼真。另一个优点是,用户不仅可以通过双目立体视觉去认识环境,而且可以通过头部的运动去观察环境。

在与计算机的交互中,键盘和鼠标是目前最常用的工具,但对于三维空间来说,它们都不太适合。在三维空间中因为有 6 个自由度,很难找出比较直观的办法把鼠标的平面运动映射成三维空间的任意运动。现在,已经有一些设备可以提供 6 个自由度,如六自由度电磁跟踪器和三维空间交互球等。另外一些性能比较优异的设备是数据手套和数据衣。

4. 立体声技术

人能够很好地判定声源的方向。在水平方向上,人靠声音的相位差及强度的差别来确定声音的方向,因为声音到达两只耳朵的时间或距离有所不同。常见的立体声效果就是靠左右耳听到在不同位置录制的不同声音来实现的,所以,会有一种方向感。在现实生活里,当头部转动时,听到的声音的方向就会改变。计算机系统的立体声模拟的目的也是给人以声音的空间感。

5. 触觉与力觉反馈技术

在一个虚拟现实系统中,用户可以看到一个虚拟的杯子,可以设法去抓住它,但是用户的手没有真正接触杯子的感觉,并有可能穿过虚拟杯子的"表面",而这在现实生活中是不可能发生的。解决这一问题的常用装置是在手套内层安装一些可以振动的触点来模拟触觉,它们叫做触觉反馈模块。目前,市场上还有一些力反馈操作杆,用于虚拟驾驶时,与没有力反馈的操作杆相比,可以给人以更加真实的感觉。

6. 语音输入输出技术

在虚拟现实系统中,语音的输入输出也很重要。这就要求虚拟环境能听懂人的语言,并能与人实时交互。而让计算机识别人的语音是相当困难的,因为语音信号和自然界的信号具有很高的复杂度。例如,连续语音中词与词之间没有明显的停顿,同一词、同一字的发音受前后词、字的影响,不仅不同人说同一词会有所不同,就是同一人发音也会受到心理、生理和环境的影响而有所不同。

使用人的自然语言作为计算机输入目前有两个问题,首先是效率问题,为便于计算机理解,输入的语音可能会相当啰嗦。其次是正确性问题,计算机理解语音的方法是对比匹配,而没有人的智能。目前,语音识别技术的发展还刚刚开始,有些系统已经能够较好地理解人的部分词语并做出一定的正确回应,但要达到真正的无障碍语音沟通还有很长的路要走。

3.1.2 虚拟现实技术的应用

1. 军事仿真

虚拟现实技术最早应用于军事,是为了通过无流血军事仿真训练提高作战人员的作战水平。通过真实的模拟战场环境,借助各种交互设备,如图3-2所示的驾驶舱,作战人员可以沉浸到逼真的虚拟战场环境中作战。应用了虚拟现实技术的面向各个兵种的单兵作战系统,可以营造一种真实的作战环境,训练人员佩戴立体眼睛和各种反馈装置在虚拟的场景中和虚拟的敌人作战,同样可以达到实战演习的目的。虚拟现实在装甲战车模拟驾驶,模拟战斗机作战飞行等方面有着天生的优势,配以真实驾驶舱模型的虚拟现实军事仿真系统已经得到了广泛的应用。

图3-2 虚拟现实用于军事仿真

2. 勘探开发

在石油地质领域中,勘探开发过程中常常会有大量的地表和地下的三维数据可视化成果。传统的二维显示难以展示三维结构的细节,通过虚拟现实立体显示方式,可以充分的展现三维数据,让研究者身临其境地观察各种地下构造,图3-3所示为地下数据的三维可视化软件的效果,用户通过立体投影来观察研究,可以大大增强空间感受,从而有效地提高决策效率。

3. 教育科研

在科研方面,随着虚拟规划、虚拟设计应用的普及,传统的教学方式也发生着改变,通过形象生动的三维动画演示和互动的教学模式,教师讲授难度将大

图 3 - 3   虚拟现实用于石油地质

大降低,学生学习效率也会大大提高。不同规模的投影系统的使用对教学和科学技术研究具有很大的促进作用,单通道(立体)投影,适合小型课堂,成本较低,如图 3 - 4 所示为通过虚拟现实软件制作的教学软件,通过立体视觉技术实现立体投影演示,可以大大提高授课效果,极大地提高学生的学习积极性。

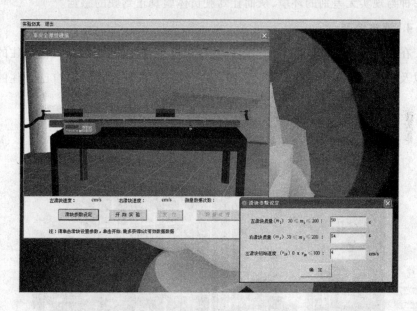

图 3 - 4   虚拟现实用于仿真实验

虚拟现实系统可以降低驾驶员培训成本并减少危险因素,通过带有仿真输入设备和反馈的模拟系统,驾驶员可以在真正上路之前积累足够的经验,如图 3 - 5所示。显示系统是影响真实感的关键,大屏幕投影尤其是环幕投影可以营

图 3 - 5　虚拟现实用于驾驶仿真

造一种与现实无差别的环境,从而让驾驶员体验真正驾驶的感觉。

4. 建筑地产

在建筑和地产领域,通过对城市、建筑进行三维建模,可以将人们居住的环境以及未来的规划搬到大屏幕上(图 3 - 6),让人们更好地了解自己居住的城

图 3 - 6　地产项目中的小区规划仿真

市环境,虚拟现实显示系统在给参观者带来视觉享受的同时,让用户更好地了解未来社区环境,一些房地产销售场所在宣传时往往会使用绚丽的三维宣传片进行展示,如果加上立体投影系统,必然会大大提高对小区的宣传力度。

当楼盘销售人员给客户看某一户型时,有时需要提供多种不同的装修方案给客户浏览,以提升客户对房屋的好感度,为不同样板间制作三维效果图(图3-7)可以大大的降低成本,大屏幕投影平台的使用,可以营造一种震撼的环境,使用立体投影技术进行样板间室内漫游,更可以给客户一种身临其境的感觉。

图 3-7 地产项目中的室内装潢展示

5. 旅游

伴随旅游事业的蓬勃发展,虚拟现实技术在展现名胜古迹,进行旅游景点宣传方面得到了越来越多的应用。采用虚拟现实技术,可以产生逼真的三维场景,通过投影机将雄伟的画面投影在大型柱面弧形幕上,配合音响,跟着镜头,观众仿佛身临其境,漫游于千里之外的实景中,图 3-8 为天安门的实景建模,通过三通道柱幕实现了大场景的投影。目前越来越多的导游专业也应用了虚拟现实系统进行导游的培训,与实地培训相比成本更低,效果更好。

6. 娱乐

在三维影像和多媒体技术日新月异的今天,传统的显示方式已经不再满足娱乐的需求。人们生活水平在不断提高,对视觉享受也有了更高的要求,随着

图 3-8　旅游项目中的景点仿真

红蓝立体片源的增多,立体影院搬回家不再是梦想。投影机开始成为了家庭影音娱乐的新兴力量,用家用投影机打造梦幻视听中心,成为了很多家庭的梦想。

　　电影要作为家庭生活的独立影视系统而存在,是目前世界生活潮流中新兴起的理论。高品位的影视生活正在走入平常百姓家。随着立体片源的增多,越来越多的桌面级虚拟现实显示设备也具有了用武之地。图 3-9 为一个小型的桌面级立体投影系统,可以将立体片源完美地展现。

图 3-9　桌面级虚拟现实显示系统

　　虚拟现实技术的发展大大扩展了计算机系统的输入设备,多种反馈设备的推出也大大提高了人机交互的空间,带有仿真输入设备和力反馈的 3D 游戏(图 3-10)带来了传统游戏的革命。立体游戏爱好者可以通过仿真方向盘输入设备驾驶飞机坦克,通过仿真枪械进行模拟作战,再配以立体眼镜和各种反馈设备,就可以完全沉浸于游戏世界,投影系统无疑可以大大增强游戏的沉浸感。

图 3 – 10 具有立体显示功能的三维游戏场景

从根本上讲虚拟现实技术是一个多学科融合,软硬件相结合的技术,并非在虚拟现实投影环境建设中要用到所有的技术和设备。在虚拟现实投影建设中,也是根据用户的需求和现场条件进行选择,能够明白用户用此环境来做什么,便可以知道如何进行建设。对于专业用户而言,要建设立体投影,一般是具有能够进行立体显示的专业软件,如油田用户所使用的 Geoprobe,在三维场景下就具有开启立体播放的功能,用户需要在能够看到地下立体的底层和井位情况,以辅助决策,开启立体播放演示后,通过虚拟现实投影系统就可以实现立体效果,因此,软件上不需要进行独立的三维视景的开发,只需要在硬件上进行投影建设即可。非专业领域需要有专门的立体片源,这些片源是经过专门制作的,可以是双摄像机同步录制并进行后期处理的视频,也可以是三维软件进行动画制作和场景渲染生成的视频,硬件上配合以虚拟现实投影机,信号处理的相关附件,并根据用户环境量身定制投影幕,便可以打造一个虚拟现实投影系统。这些建设主要用于立体电影,商业演示以及娱乐展示方面。

3.2 虚拟现实投影

3.2.1 立体投影技术

虚拟现实投影本质上讲就是实现立体投影。立体视觉的实现是由于人的两眼具有瞳距,所以看物体时两只眼睛中的图像是有差别的。两幅不同的图像输送到大脑后,人们所理解的就是有景深的图像。这就是计算机和投影系统的立体成像原理。根据这个原理,结合不同的技术水平有不同的立体技术手段,主要有主动式立体和被动式立体技术。

1. 主动式立体技术

在很多专业应用中,左右眼两幅图像不能同时输出,是通过交替刷新实现的,因而实际上左或右图像的刷新率只能达到计算机平时图像刷新率的1/2。如果计算机的刷新率为 80Hz,左右眼的立体图像刷新率实际为 40Hz。观察着需要佩戴主动式立体眼镜来观看,此类眼镜内置液晶(LCD)快门,通过感应同步发射装置的同步信号来交替地遮挡左右眼,从而实现了左右眼信号的分离。这种方法在技术上很实用,投影机刷新率越高,图像越流畅,视觉效果越好。这就是主动式立体技术,与之配套的主动式立体眼镜实际上是计算机控制的左右眼液晶开关,开和关与屏幕图像显示同步。根据其实现原理,这种技术也被称为液晶分时技术。主动式立体的优点是可在任何投影幕上来实现,缺点就是立体眼镜的频繁开关闪烁带来眼睛的不适,观察人数和距离受到一定的限制。

2. 被动式立体技术

为了解决初期主动式立体眼镜的频繁开关闪烁带来眼睛的不适,以及观察人数和距离的限制,被动式立体技术出现了,其原理并不复杂:计算机端信号特性没有任何变化,只是先将图像输出到信号分配设备,通过此分配设备后,左右眼信号就分离了,再分别连接到两台投影仪,投影时进行偏振处理即可(有关偏振的知识见附录)。被动式立体投影环境中,用户也需要佩戴立体眼镜,被动式立体眼镜用的是偏振立体眼镜,其外观、佩戴感觉与平时的眼镜几乎没有区别,比较轻巧,不需要同步开关,因此,观看图像时不会产生频繁开关的闪烁现象。被动式立体投影对投影幕的要求较高,需要屏幕在反射(正投)或者透射(背投)时不能改变光的偏振特性,需要用专用的立体投影幕。

在被动立体建设中,为了使左右眼分别获得空间上稍有差异的图像,在脑海中合成立体影像。这主要需要立体影像的产生,左右眼影像的分配两个过程,被动式立体投影的原理如图 3-11 所示。

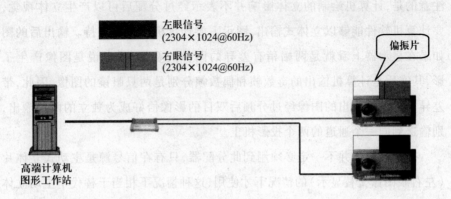

左眼信号
(2304×1024@60Hz)

右眼信号
(2304×1024@60Hz)

偏振片

高端计算机
图形工作站

图 3 – 11　被动式立体投影原理示意图

3.2.2　立体投影相关设备

1. 主动式立体眼镜(图 3 – 12)

主动式立体眼镜用于主动式立体投影建设中,需要一个信号同步发射装置练到信号源所在的计算机上,通过安装相应的驱动后,就可以通过设置立体显示产生立体信号。只要信号源的左右眼信号交替显示与立体眼镜的左右眼合同步,用户就可以观看到立体效果。这种眼镜需要特殊的信号源,很多专业软件和三维游戏都立体开启的功能,开启后,用户在距离发射器一定的距离内观看,立体眼镜就可以同步的开合,左右眼的信号交替进入对应的眼睛,从而产生立体视觉。

2. 立体信号发生器(图 3 – 13)

立体信号分配器是左右眼图像的分离设备,主要是对图像进行精准分频,很多人将之称为做 AP 信号转换器,用于主动式立体片源的被动式立体投影建设。其原理是将画面帧分开,并且严格分开,对于刷新率 80Hz 的图像,经过分配器之后是两个 40Hz 的图像。与图像分频相对应的是立体图像的产生,需要

图 3 – 12　主动立体眼镜及其发射器

图 3 – 13　立体信号发生器

注意的是,计算机绘制的立体影响并不表示经过分配后可以产生立体视觉,需要计算机软件能够以立体式输出,图示需要计算机显卡的支持。输出后的图像如果在显示器上看就是两幅稍有差异的图像的叠加,或者说是图像产生了重影,其实质是计算机输出的奇数帧和偶数帧分别是两只眼镜的图像,因此,带有差异。立体式输出的图像经过分频后双目的影像恰好成为独立的两路输出,分别输送到同一个通道的两个投影机上。

被动式立体并不一定必须用到此分配器,只有在信号源是主动式立体片源(左右眼图像交替显示)的情况下才使用,这种情况下相当于替代了主动立体眼镜及其同步装置。被动式立体产生立体的方式更丰富一些,可以通过建立双屏的视景来实现,可以是视景仿真软件渲染的场景也可以是双摄像机同步录制的视频,通过计算机双屏输出,左右屏显示两只眼镜应该看到的场景,输给两台投影机即可。

3. 偏振片和被动式立体眼镜(图 3 - 14)

偏振片是用于将投影机出射光变为偏振光的器件,也是被动式立体眼镜镜片的材料,用于被动式立体建设。在投影机光线出射时经过偏振片便变成了具有偏振特性的光,通过专业投影幕后再进入各自相同偏振性能的偏振片眼镜,从而实现了左右眼信号向对应眼睛的分配。用户的两只眼睛接收到各自需要的影像,从而产生立体视觉。

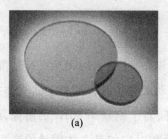 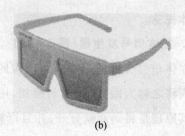

(a)   (b)

图 3 - 14   被动式立体眼镜及偏振片

(a) 偏振片;(b) 被动式立体眼镜。

4. 专业投影幕(图 3 - 15)

在被动式立体投影建设中,专业投影幕是保证最终立体投影效果的关键,由于立体投影需要保持每个通道偏振特性,所以,在图像经过屏幕反射或透射(正投/背投)发生漫反射后,不能使光线的振动方向发生巨大改变而影响到进入眼镜光线的特性。

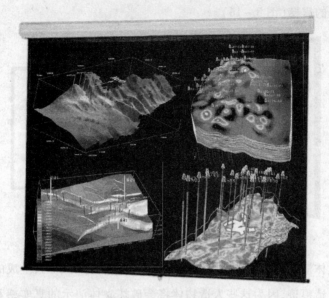

图 3 – 15 金属幕

对于正投立体投影,需要三维金属幕,只有三维金属幕才能保证立体投影的效果。背投影也需要特殊的能够用于立体投影的投影幕,一般是透射材料涂以特殊图层制成。虚拟现实投影建设中,被动式立体建设对投影幕的要求较为严格,既要保证偏振性,又需要大视野显示时融合的效果。由于无论是主动式立体还是被动式立体都降低了最终的显示亮度,因此投影机亮度或者投影幕增益上要比普通大屏幕投影要求更高一些,但是对于多通道的立体投影,考虑到融合效果还要在尺寸,增益控制上加以考虑。

3.2.3 立体投影的实现

随着投影技术的不断发展,投影机可以呈现的物理像素越来越高,屏幕的尺寸越来越大,涂层工艺也越来越高,人们能够在更大的屏幕上看到更清晰亮丽、色彩丰富的影像。但人眼所看到的真实世界不只是简单的平面图像,而是具有景深的立体三维图像,这种感知三维的能力是视网膜成像差异造成的。因此如果要设计一个立体投影系统,它必须要模拟人类在观看物体时视网膜成像的这种视差。这种感觉暗示,看到的就是真实的(或几乎是真实的),而不是平面二维的。通过立体信号和立体设备,人就可以感觉到画面似乎涌出了屏幕,如果是大型的弧形幕,更加可以使观察者屏蔽掉自己的平面意识,从而感受到立体大场景的震撼(图 3 - 16)。

图 3 - 16　呼之欲出的立体场景

设计立体演示的艺术和科技是一门非常复杂精深的学问,生成的立体图像需要没有人造痕迹,因为这些人造物体将会破坏立体演示的真实感和所需景深(人的大脑对人造提示也很敏感)。从根本上讲,建立大屏幕立体投影系统,关键在于保证图像具有左右眼信息的前提下,让左右眼的信号分别能够独立地进入左右眼。

立体投影建设方式有主动和被动两种方式。主动式立体投影技术引入设备少,技术成熟,任何用于普通投影的屏幕都可以使用,但是双目眼睛开合存在着闪烁,对视觉有一定的影响,在观看距离和人数的方面始终也存在着一定的限制,适合人数不多的环境。被动式立体适合多人应用的场合,不受距离限制,但是对屏幕要求较高,需要进行双眼图像分离的预处理。近些年来,市场上推出了一些主动式立体专用投影机,可以达到 120Hz 的刷新频率,双眼接收到的图像刷新率都能达到 60Hz,舒适度大大提高了,虽然成本较高,但也是一种不错的选择。

设计者在设计方案时应该根据用户的环境、使用需求和使用人数确定建设方式,在实际工程中,由于被动式投影机的选择范围大,同时主动式立体要求双目交替的专业信号源,而被动式立体的信号源可以比较容易的通过视景仿真的场景来实现,在很多场合下,被动式立体投影方式使用的更多一些。

大屏幕、大场景更加能给人以真实感,尤其是多通道弧形幕投影,给观察者以很好的沉浸感,这也是虚拟现实的重要特征之一。多通道的虚拟现实投影也是基于立体投影技术,需要引入大屏幕投影的多通道融合处理、畸变校正等处理。多通道虚拟现实投影可是说是普通(非立体)大屏幕投影的增强,只要设计合理,虚拟现实投影系统应该可以兼容普通信号源的展示。多通道的虚拟现实投影应用于虚拟战场仿真、数字城市规划、三维地理信息系统等大型场景仿真环境,还有一些大型3D、4D影院,近年来开始向展览展示、工业设计、教育培训、会议中心等专业领域发展,随着技术的发展,各类相关软硬件性能价格比的提高,其应用范围也会越来越广泛。

信号处理和传输

　　系统集成中最重要的是信号的处理和传输,主要包括音频信号、视频信号、控制信号等。对系统集成工程人员来讲,需要了解不同信号的接口和传输差异,这样才能更好地将信号集成起来进行综合处理。

4.1　信　号　分　类

4.1.1　视频信号

　　一般来讲,普通的视频信号是指电视信号、静止图像信号和可视电视图像信号;广义地讲,计算机输出的信号也属于视频信号,本书将复合端口、Y/C端口、YUV、SDI、S端子(S - Video)、DVI、VGA、HDMI等信号都视为视频信号。

　　视频信号的传输是多媒体信息传输的核心。视频信号在计算机终端播放已不成问题,关键问题在于信号的压缩及传输技术。在较近距离传输时可以采用无线或线缆,远距离则需要中继设备进行编码和解码传输,在传输过程中,需要保证图像的信息损失最小,最好能像本地播放一样,需要保证传输带宽。例如,传输MPG - 1方式的普通电视信号,要求速率为120kb/s ~ 140kb/s;传输相当于S - VSH的MPG - 2电视信号,要求500kb/s的速率;传输双工或更高质量的信号,对带宽的要求还要高。另外,视频传输对延迟及延迟抖动要求较高。所以,视频传输不但要有较宽的带宽,还要有较好的稳定性和可伸缩性。

先以电视信号为例看普通视频信号：标准的视频信号定义颜色有两个系数。亮度和色度,亮度是黑白两种颜色,适用控制图像的对比度和亮度。NTSC和 PAL 标准两者都运用亮度和色度,使它们与任何音视频信号混合一起,这类信号被叫做复合信号,如同将视频的各个方面结合起来一样,其中一部分就是信号类型,并且通过控制颜色的不同值来达到更好的视频质量。

人们看到的图像是电视显像管内发出的一系列连续的线,线数的多少决定了视频的质量,NTSC 为 525 线。PAL 为 625 线。在模拟视频世界中,视频表现为一系列连续波动的信号。

再来讲电脑信号：计算机画面的信号大多是通过显卡输出的,现在显卡都有多种输出,常见的有 DVI(数字),VGA(模拟),S 端子输出,还有近些年兴起的数字高清接口 HDMI,如图 4-1 所示。

图 4-1　带有多种输出的显卡

VGA(Video Graphics Adapter)接口是显卡上应用最为广泛的接口类型,绝大多数的显卡都带有此种接口。迷你音响或者家庭影院拥有 VGA 接口就可以方便地和计算机的显示器连接,用计算机的显示器显示图像。VGA 接口传输的是模拟信号,对于以数字方式生成的显示图像信息,通过 D/A 转换器转变为红、绿、蓝三原色信号和行、场同步信号,信号通过电缆传输到显示设备中。

1994 年 4 月正式推出的数字显示接口(Digital Visual Interface,DVI)标准,对接口的物理方式、电气指标、时钟方式、编码方式、传输方式、数据格式等进行了严格的定义和规范,保证了计算机生成图像的完整再现。在 DVI 接口标准中还增加了一个热插拔监测信号,从而真正实现了即插即用。

作为最新一代的数字接口,HDMI 比 DVI 更迟出现,是 DVI 之后的标准数字接口,而且和 DVI 不同的是它将音频也融入进去了。HDMI 已经广泛应用于各种数码产品上。不管是平板电视、DVD 机、高清播放机,还是投影仪、数码摄像机、液晶显示器,以及蓝光 DVD 和 HD DVD,都少不了 HDMI 数字信号接口的身影。

这里仅仅对几种基础信号进行概述,各种信号接口的详细介绍和制作方法后文会继续介绍。

在大屏幕投影建设中,信号源往往和投影机距离很远,在使用 VGA 信号传输时,常常把 VGA 转变为 5BNC 信号进行传输,即把红、绿、蓝三原色信号和行、场同步信号分别分到 5 根同轴电缆中进行独立传播,可以较少干扰和衰减,加大传输距离。在各种信号的传输线路设计上,选用好的线材是保证传输质量的关键。如果距离较远,比如说 100m 以上,就需要根据现场情况添加长线传输设备,给传输信号增加增益以弥补衰减,如果传输距离过长,如 1km 以上,就需要考虑引入光端机,通过光纤进行传输了。

S 端子输出可以直接接到电视上,但是质量会比显示器上下降很多,尤其是高分辨率的展现上效果要差很多。HDMI 无论从接口还是信号长距离传输上考虑成本都比较高,并且对计算机配置有着较高的要求,因此,计算机信号源的输出方式中,最常用的还是 DVI 和 VGA 接口输出到显示器的连接方式,在工程中布线设计和各种配套处理设备也相对成熟的多。

从本质上讲,无论计算机还是电视信号都是按帧显示,每帧信号从用户角度来看就是一幅画面,反映到显示器上就是 m 行 n 列的像素点,每秒钟的帧数即为显示频率,多帧图像的连续变化构成了流畅的图像。信号的显示需要每帧画面中各个像素点的颜色值,最常用的颜色构成方式就是红、绿、蓝三原色方式,另外还需要行、场同步信号以保证图像不会出现抖动和错位。信号是数字信号还是模拟信号,以及占用带宽的多少,传输和处理设备以及显示终端的特性,决定了设计者在工程中对接口以及传输线缆如何进行选择。

目前,由于无线传输的带宽有限,现有系统集成多采用视频信号尤其是计算机信号都采用有线传输。在系统集成中,技术人员需要掌握各种接口的差异和对传输的要求,尽可能的了解强弱电综合布线的规范,做好数据线缆的屏蔽工作,以减少对信号传输的干扰,在项目中结合理论学习,积累实战经验。

视频干扰的主要表现形式有如下几种:

（1）在监视器的画面上出现一条黑杠或白杠，并且向上或向下滚动。也就是所谓的 50Hz 工频干扰。这种干扰多半是由于前端与控制中心两个设备的接地不当引起的电位差，形成环路进入系统引起的，也有可能是由于设备本身电源性能下降引起的。

（2）图像有雪花噪点。这类干扰的产生主要是由于传输线上信号衰减以及耦合了高频干扰所致。

（3）视频图像有重影，或是图像发白、字符抖动，或是在监视器的画面上产生若干条间距相等的竖条干扰。这是由于视频传输线或者是设备之间的特性阻抗不是 75Ω 而导致阻抗不匹配造成的。

（4）斜纹干扰、跳动干扰、电源干扰。这种干扰的出现，轻微时不会淹没正常图像，而严重时图像扭曲就无法观看了。这种故障现象产生的原因较多也较复杂，比如视频传输线的质量不好，特别是屏蔽性能差，或者是由于供电系统的电源有杂波而引起的，还有就是系统附近有很强的干扰源。

（5）大面积网纹干扰，也称单频干扰。这种现象主要是由于视频电缆线的芯线与屏蔽网短路、断路造成的故障，或者是由于 BNC 接头接触不良所致。

在现场中遇到的视频干扰不外乎以上 5 种情况，因此在现场中遇到这类现象，首先要冷静分析出现的干扰属于哪一类，找出可能产生干扰的大致原因，最终来排除它。

4.1.2 音频信号

音频信号是指带有语音、音乐和音效的有规律的声波的频率、幅度变化信息载体。平时人的对话就是最简单的音频信号的传播与接收，在工程上，音频信号包括还所有话筒和多媒体设备的声音的输入和输出，最终通过播放设备进入人耳，变成有用的听觉信息。

音频信号分为模拟和数字两种。模拟音频技术中以模拟电压的幅度表示声音强弱，从波形上看是一系列在时间上连续变化的高低不同的波峰和波谷，声音就承载在这一系列的波峰和波谷中。数字音频是通过对模拟信号的采样和量化，把模拟量表示的音频信号转换成由许多二进制数 1 和 0 组成的数字音频信号形成的。数字音频是一个数据序列，在时间上是断续的。

音频传输的终端一般为功放和音箱，人们需要根据场地环境，选择适当功率的功放和音箱,配置以必要的音频处理设备构成功能完备的音响系统。声音的输出有单声道、立体声和多声道环绕。大屏幕投影的环境,往往是数字会议的发生地,话筒音频都是单声道的信号,音乐播放器和电脑音频多为立体声,多声道环绕多用于追求影院效果的环境中。

音频信号所携带的声音信息,相对于既有颜色又有同步信号的视频信号小得多。因此,音频的传输由于不像视频要求很高的带宽,无线和有线均可传输。但是由于音频信号往往在传输中会引入多种干扰,在终端要进行功率放大输出,干扰也被同步放大了,因此,音频信号抗干扰能力差,布线和处理不当容易出现噪声。除了线材制作和布线上需要讲究规范外,一般后端都需要进行滤波处理。因此,除了不同音频接口的知识外,技术人员还应该掌握弱电布线相关知识,在布线时应该严格遵循布线规范,强弱电分开,并做好屏蔽。布线规范会在后文中进行进一步阐述。

音频信号在传输过程中产生的干扰是多方面的,常见的有电源干扰、设备之间干扰、灯光干扰等。

(1)电源干扰。电源接地不良、设备之间的地线接触不良和阻抗不匹配、设备的电源未经"净化"处理、音频线与交流电线同管、同沟或同桥架铺设,都会对音频信号产生杂波干扰,形成低频的交流"嗡嗡"声。

(2)设备之间干扰。"啸叫"是扬声器与麦克风之间发生正反馈引起的,其主要原因是麦克风离扬声器过近或麦克风指向扬声器。"空声"是由声波延时产生的,若麦克风既拾取声源信号又拾取经扩声还原的信号,或者与声源距离不同的两只麦克风拾取同一声源的信号,或者一只麦克风拾取经扩声还原后的另一只麦克风的信号,都将产生相应的路程差而造成延时。当这些信号叠加后,某些频率成份相互抵消,形成了"空声"。

(3)灯光干扰。会场若采用镇流器方式间歇启动的照明灯,灯管激发时将产生高频辐射,并通过麦克风及其引线串入,出现"哒哒"声;麦克风线离灯线太近,也会出现"吱吱"声。另外,外界的高频电磁也会产生干扰。

在声音还原时,应根据声学的理论知识,按照不同的实际情况,灵活调整调音台和均衡器,对声音进行加工和美化,弥补声场的缺陷,营造较为理想的声学环境;适当调整压缩限幅器,遇到突发性的大峰值信号不过载和不失真,同时又要避免压缩限幅器长时间处于压缩状态,使声音衔接平滑、圆润。

对于电源干扰,可采取以下方法解决:

① 增加电源滤波器,利用谐振电路滤除谐波,"净化"输出电源。

② 信号的输入/输出线与电源线分开走线,且不能平行布线,避免毗邻和交叉干扰,互相感应。

③ 采用双绞电源线,使两根导线产生的总磁通相互抵消。

对于"啸叫"现象,可采取以下方法避免固有共振点的形成:

① 降低扩声增益。

② 利用均衡器或自动反馈抑制器降低"啸叫"频点的幅度。

③ 连接频移器或调相器,用偏移频率或相位来破坏反馈声与声源的同相条件。

④ 调整扬声器布局、改变麦克风方向以及两者之间的距离,避免形成正反馈。

对于"空声"现象,可采取以下方法避免声波延时:

① 选用指向性强的麦克风。

② 关闭调音台中的 ST 开关或拉下多余的麦克风推杆。

③ 调整声源及其经扩声还原的声音比例。

对于灯光干扰,可采取以下方法加以解决:

① 麦克风线远离灯线。

② 麦克风线穿管屏蔽。

③ 采用抗干扰能力强的麦克风。

简单来讲,除了布线要求空间上的强弱电分离,强电加屏蔽外,音频的集成一般都会由噪声抑制作用的音频处理设备,尤其是有话筒存在时,音频处理设备的加入可以有效的抑制啸叫等异常频率音频的输出。

4.1.3　其他信号

在现代化会议中,网络环境是必不可少的,大屏幕投影应用于会议室,经常会有远程会议的需求,在设备间不具有网络环境时需要增建网络环境,在现有网络环境中直接增加接入点即可。如果没有网络环境,则在楼宇网络布线中需要提出大屏投影系统的必要的信息点的布置要求,以便为系统设备的必要的网络连接提供接口。网络接口除了作为计算机入网点外,还可以作为控制设备的网络接入。

即使现场已经具备网络环境,音视频建设中也需要铺设一些网线。它们的作用一般是弱电控制信号传输,如 KVM 延长线,串口控制线,电话信号线(选用网线中的两根线即可)等,另外还需要在操作位置和设备间之间预留几根线,以备控制方式改变和扩展的需要。经验证明,在工程中预留音视频和控制线材是非常必要的,预留双绞线作为控制线路是一种比较廉价和便利的方式。

在电信行业中,控制信号是用来实现监视、控制、均衡、连续、同步或参考目的而以单频率在通讯系统中传输的信号。很多控制信号是通过有线连接(如串口)实现的,有一些控制信号是无线控制信号(如遥控器的红外信号)。在系统集成过程中,必然要对多种电器设备进行控制管理,以便能够快捷地使存在于不同空间位置的设备的实现状态变化,无论是有线还是无线控制,都需要对所有控制设备进行统筹,以便在前期线路铺设和接口设计时做到合理完备。系统集成不仅仅是设备的堆积,为了实现智能化、人性化的系统操作,另一个重要内容就是对控制线路和控制软件的一体化设计。

4.1.4　信号处理和传输设备的选择

在所有设备的选择上,首先考虑的是个体功能的实现和整体系统的兼容性,其次是预算,在能够达到系统指标的前提下降低成本,不选择过多的功能模块,但也要为系统的未来接入留有接口,做到不冗余浪费,又具有良好的扩展性。

对于高清大屏幕投影建设,在选择视频处理和传输设备时,首要的指标是带宽,只有带宽足够,才能保证所传输图像的高保真显示。考虑到所传输分辨率和刷新频率的不同,计算最大带宽以选择适合的设备。摄像头监控等视频所需要的带宽较小,高分辨率的 DVI/VGA 信号传输时所需要的带宽较高,各级视频处理设备都需要满足带宽要求,任何一个设备处理能力不足都会成为系统的瓶颈。

需要考虑带宽的视频处理和传输设备主要有 DVI、VGA 分配器,DVI、VGA、RGB 矩阵,AV 矩阵,各种图形处理器和视频延长器。各种设备的提供商很多,一般来讲,使用基于微处理器的嵌入式视频处理的硬件设备带宽相对于基于采集卡和软件视频处理的设备带宽能够更高一些。系统集成人员需要根据用户专业领域和应用的不同,选择能够满足用户需求的产品,并进行过多种设备的兼容性测试才能使用。

在工程上,根据用户的需求,音响的使用目的主要有两类:一类用于数字会议;一类用于影院音响。在音频设备的选择也稍有差异,数字会议音频偏重于扩声,"啸叫"抑制处理,而影院音响偏重于细节音效的展现,在声道数量上也往往多于数字会议。音频信号所占用的带宽较视频信号小得多,而且工程上大多数音频信号最终通过功率放大器和音响的组合显现出来,在处理环节需要考虑必要的滤噪,反馈抑制,混音即可,多种处理设备的选择空间很大。

现代会议室的设备众多,个体功能复杂,集中化控制管理成为必然,中央控制系统的引入会大大提升会议室使用的智能化。从功能角度上来讲,进行产品选择时,一方面要注重控制系统的稳定性;另一方面要注重人机交互界面设计的美观和便捷。

在产品选择时,还需要注意一点,那就是尽量要选择信得过的品牌,成熟品牌经过了长期的测试和升级,质量更有保证,售后服务更可靠,还有就是要针对项目的需求创造测试的条件,在模拟环境下尽可能地对即将采用的设备进行各项指标的功能测试,是否能够达到指标一目了然。系统集成人员应该养成不断调研和测试的习惯,在平时就多参加展会,进行产品调研,对可能会使用到的领域内的软硬件产品进行测试,将测试过的产品的详细技术指标参数加入产品库,配以测试报告,以备方案选型,从而提高项目设计和采购的效率,降低成本。

4.2 常用信号接口

4.2.1 常用信号接口介绍

1. 投影机相关接口

1) S端子(图4-2~图4-5)

S端子是应用最普遍的视频接口之一,是一种视频信号专用输出接口。常见的S端子是一个5芯接口,其中两路传输视频亮度信号,两路传输色度信号,一路为公共屏蔽地线,由于省去了图像信号Y与色度信号C的综合、编码、合成以及电视机机内的输入切换、矩阵解码等步骤,可有效防止亮度、色度信号复合输出的相互串扰,提高图像的清晰度。

一般 DVD 或 VCD、TV、PC 都具备 S 端子输出功能,投影机可通过专用的 S 端子线与这些设备的相应端子连接进行视频输入。

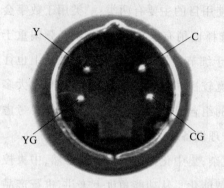

图 4 - 2　标准 S 端子

图 4 - 3　标准 S 端子连接线

图 4 - 4　显卡上配置的 9 针增强 S 端子

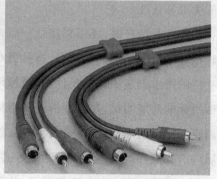

图 4 - 5　S 端子转接线

2) VGA 接口(图 4 - 6 ~ 图 4 - 8)

VGA 的信号类型为模拟类型,视频输出端的接口为 15 针母插座,视频输入连线端的接口为 15 针公插头。VGA 端子含红、黄、蓝三原色信号和行(HS)、场(VS)扫描信号。VGA 接口外形象"D",因此 VGA 端子也叫 D - Sub 接口,其具备防呆性以防插反,上面共有 15 个针孔,分成 3 排,每排 5 个。VGA 接口是显卡上输出信号的主流接口,其可与 CRT 显示器或具备 VGA 接口的电视机相连,VGA 接口本身可以传输 VGA、SVGA、XGA 等现在所有格式任何分辨率的模拟 RGB + HV 信号,其输出的信号已可和任何高清接口相媲美。通过转接头,转接线或者转接设备,VGA 信号可以与 DVI,HDMI 等信号进行转换。

图4-6 显卡常用接口

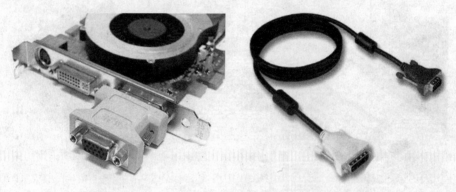

图4-7 DVI转VGA的转接头　　　　图4-8 DVI转VGA线

目前,VGA接口不仅被广泛应用于计算机上,投影机、影碟机、电视等视频设备也有很多都标配此接口。很多投影机上还有BGA输出接口,用于视频的转接输出。

3) DVI接口(图4-9~图4-14)

DVI(Digital Visual Interface)接口有两种,一种为DVI-D接口,只能接收数字信号,接口上只有3排8列共24个针脚,其中右上角的一个针脚为空,其不兼容模拟信号;另一种为DVI-I接口,可同时兼容模拟和数字信号,它可以通过一个DVI-I转VGA转接头实现模拟信号的输出。目前,多数显卡、液晶显示器、投影机皆采用这种接口。

两种DVI接口的显卡接口不能直接连接使用。如果播放设备采用的是DVI-D接口,而投影机是DVI-I接口,那么还需要另配一个DVI-D转DVI-I的转换器才能正常连接。DVI传输的是数字信号,数字图像信息不需转换就会直接被传送到显示设备上,因此,减少了数字→模拟→数字繁琐的转

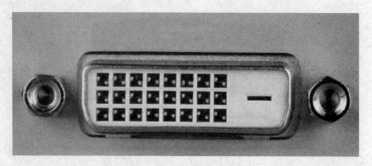

图 4-9 DVI-D 接口

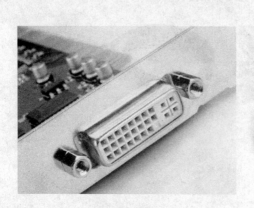

图 4-10 DVI-I 接口

图 4-11 DVI 转色差接头

图 4-12 DVI 转 HDMI 线

换过程,大大节省了时间,因此,它的速度更快,有效消除拖影现象,而且使用
DVI 进行数据传输,信号没有衰减,色彩更纯净、更逼真,更能满足高清信号
传输的需求。

(a)   (b)

图 4 – 13   DVI 转 VGA

图 4 – 14   DVI – I 转 DVI – D 转接头

4）HDMI（图 4 – 15 ～ 图 4 – 17）

HDMI（High Definition Multimedia Interface，译作高清晰度多媒体接口）连接器共有两种，即 19 针的 A 类连接器和 29 针的 B 类连接器。B 类的外形尺寸稍大，支持双连接配置，可将最大传输速率提高 1 倍。使用这两类连接器可以分别获得 165MHz 及 330MHz 的像素时钟频率。

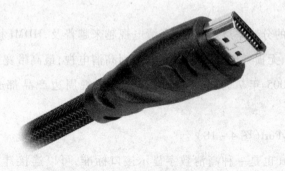

图 4 – 15   HDMI 线缆

HDMI 接口可以提供高达 5Gb/s 的数据传输带宽，可以传送无压缩的音频信号及高分辨率视频信号。同时无需在信号传送前进行 D/A 或者 A/D 转换，

图 4 – 16　HDMI 转 DVI – D 转接头　　　图 4 – 17　HDMI 转 DVI – D 转接线

可以保证最高质量的影音信号传送。

　　HDMI 在针脚上和 DVI 兼容,只是采用了不同的封装。与 DVI 相比,HDMI 可以传输数字音频信号,并增加了对 HDCP 的支持,同时提供了更好的 DDC 可选功能。HDMI 支持 5Gb/s 的数据传输速率,最远可传输 15m,足以应付一个 1080P 的视频和一个 8 声道的音频信号。而因为一个 1080P 的视频和一个 8 声道的音频信号需求少于 4GB/s,因此,HDMI 还有余量。HDMI 支持 EDID, DDC2B,因此,具有 HDMI 的设备具有"即插即用"的特点,信号源和显示设备之间会自动进行"协商",自动选择最合适的音视频格式。

　　应用 HDMI 的好处是只需要一条 HDMI 线便可以同时传送影音信号,而不需要多条线材来连接;同时,由于无线进行 D/A 或者 A/D 转换,能取得更高的音频和视频传输质量。对消费者而言,HDMI 技术不仅能提供清晰的画质,而且由于音视频采用同一电缆,大大简化了家庭影院系统的安装。

　　随着电视的分辨率逐步提升,高清电视越来越普及,HDMI 接口主要就是用于传输高质量、无损耗的数字音视频信号到高清电视,最高带宽达到 5Gb/s。美国 FCC 规定 2005 年 7 月 1 日起,所有数字电视周边产品都必须内建 HDMI 或 DVI。

　　5）DisplayPort(图 4 – 18)

　　DisplayPort 也是一种高清数字显示接口标准,可以连接计算机和显示器,也可以连接计算机和家庭影院。与 HDMI 一样,DisplayPort 也允许音频与视频信号共用 1 条线缆传输,支持多种高质量数字音频。但比 HDMI 更先进的是 DisplayPort 在 1 条线缆上还可实现更多的功能。在 4 条主传输通道之外,

DisplayPort 还提供了 1 条功能强大的辅助通道。该辅助通道的传输带宽为 1Mb/s,最高延迟仅为 $500\mu s$,可以直接作为语音、视频等低带宽数据的传输通道,另外也可用于无延迟的游戏控制。可见,DisplayPort 可以实现对周边设备最大程度的整合、控制。目前 DisplayPort 的外接型接头有两种:一种是标准型,类似 USB、HDMI 等接头;另一种是低矮型,主要针对连接面积有限的应用,例如,超薄笔记型计算机。两种接头的最长外接距离都可以达到 15m,虽然这个距离比 HDMI 要逊色一些,不过接头和接线的相关规格已为日后升级做好了准备,即便 DisplayPort 采用 2X 速率标准(21.6Gb/s),接头和接线也不必重新进行设计。

图 4-18 DisplayPort 接口

DisplayPort 接口将会是未来显示设备的主要接口标准,将完全取代现今的 DVI 与 VGA,甚至 HDMI。

6)标准视频输入接口(RCA)(图 4-19~图 4-22)

RCA(莲花插座)是最常见的音视频输入和输出接口,也被称 AV 接口(复合视频接口),通常都是成对出现的,把视频和音频信号分开发送,避免了因为音视频混合干扰而导致的图像质量下降。但由于 AV 接口传输的仍是一种亮度/色度(Y/C)混合的视频信号,仍需显示设备对其进行亮度/色度分离和色度解码才能成像,这种先混合再分离的过程必然会造成色彩信号的损失,所以,主要用在入门级音视频设备上。

如图 4-22 所示,在设备上一般白色和红色的 RCA 接头是音频接口(左右声道),黄色的是视频接口,使用时只需要将带莲花头的标准 AV 线缆与其他输出设备(如放像机、影碟机)上的相应接口连接起来即可。

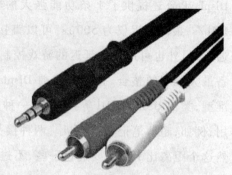

图 4 – 19　RCA 接头　　　　　　图 4 – 20　音频（小 3 芯）转 RCA 线

图 4 – 22　RCA 设备接口示意图

图 4 – 21　RCA

转接延长头（对接头）

7）分量视频接口（图 4 – 23 ~ 图 4 – 24）

分量视频接口（3RCA）也叫色差输入/输出接口，分量视频接口通常采用 YPbPr 和 YCbCr 两种标识。分量视频接口/色差端子是在 S 端子的基础上，把色度（C）信号里的蓝色差（b）、红色差（r）分开发送，其分辨率可达到 600 线以上，可以输入多种等级信号，从最基本的 480i 到倍频扫描的 480p，甚至 720p、1080i 等。如显卡上 YPbPr 接口采用 9 针 S 端子（mini – DIN）然后通过色差输出线将其独立传输。

分量视频接口是一种高清晰数字电视专业接口（逐行色差 YPbPr），可连接高清晰数字信号机顶盒、卫星接收机、影碟机、各种高清晰显示器/电视设备。目前可以在投影机或高档影碟机等家电上看到有 YUV、YCbCr、Y/B – Y/B – Y 等标记的接口标识，虽然其标记方法和接头外形各异但都是色差端口。此接口可以通过转接头方便的变为 VGA 信号。

Y. Pb. Pr 是逐行输入/输出，Y. Cb. Cr 是隔行输入/输出。分量视频接口与

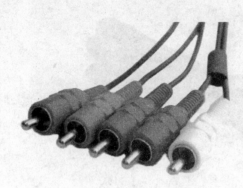

图 4 - 23　分量视频接口连接线　　　图 4 - 24　分量视频接口转接头

（右侧为音频左右声道）

S 端子相比,要多传输 Pb、Pr 两种信号,避免了两路色差混合解码并再次分离的
过程,避免了因繁琐的传输过程所带来的图像失真,保障了色彩还原的更准确,
保证了信号间互不产生干扰,所以,其传输效果优于 S 端子。

　　具有这个接口的投影机可以和提供这类输出的计算机、影碟机和 DV 等设
备相连,并可连接数字电视机顶盒收看高画质的数字电视节目。

　　8）BNC 接口（图 4 - 25 ~ 图 4 - 30）

　　BNC 电缆有 5 个连接头用于接收红、绿、蓝、水平（行）同步和垂直（场）同
步信号,即 RGBHV 5 个信号。BNC 接头可以隔绝视频输入信号,使信号相互间
干扰减少且信号频宽较普通 D - SUB 大,可达到最佳信号响应效果。可将数字

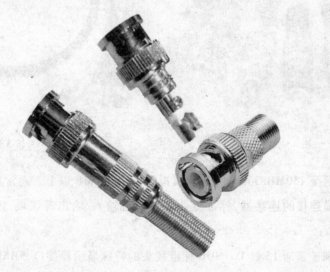

图 4 - 25　BNC 接头

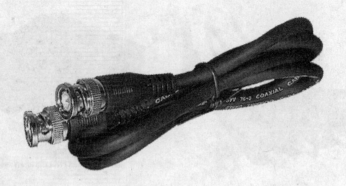

图 4 - 26　BNC 线缆

图 4 - 27　VGA 转 5BNC 线缆

图 4 - 28　DVI 转 BNC 线缆

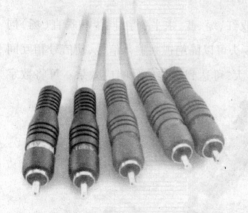

图 4 - 29　5RCA 线缆

图 4 - 30　VGA 转 5RCA 线缆

信号传送至 150MB/300MB 以上,模拟可传送 300MB 以上。通常用于工作站和同轴电缆连接的连接器,标准专业视频设备输入/输出等领域,投影机上也很常见。

　　有别于普通 15 针 D - SUB 标准接头的特殊显示器接口,5BNC 接口常被称为 RGB 端子。为了方便使用,日本一些厂商将 RGBHV 接口的接线柱做成了色差常用的 RCA 接头,而不是 RGBHV 常用的 BNC/螺旋锁自锁紧形式,也就是 5RCA 的形式,所传输的信号特性与 5BNC 是完全一样的。

9)串口(图 4 - 31)

串口叫做串行接口,也称为串行通信接口,按电气标准及协议来分包括 RS - 232 - C、RS - 422、RS485、USB 等。RS - 232 - C、RS - 422 与 RS - 485 标准只对接口的电气特性做出规定,不涉及接插件、电缆或协议。USB 是近几年发展起来的新型接口标准,主要应用于高速数据传输领域,后面会进行详细的介绍。

(1)RS - 232 - C:也称标准串口,是目前最常用的一种串行通信接口。它是在 1970 年由美国电子工业协会(EIA)联合贝尔系统、调制解调器厂家及计算机终端生产厂家共同制定的用于串行通信的标准。"C"是其版本号,一般也可以简化称为 RS - 232。它的全名是"数据终端设备(DTE)和数据通信设备(DCE)之间串行二进制数据交换接口技术标准"。传统的 RS - 232 - C 接口标准有 22 根线,采用标准 25 芯 D 型插头座。后来的 PC 上使用简化了的 9 芯 D 型插座。现在应用中 25 芯插头座已很少采用。现在的计算机一般有两个串行口,在设备管理器中显示 COM1 和 COM2 两个端口,如图 4 - 32 所示,硬件上表现为计算机的 9 针 D 型接口,由于其形状和针脚数量的原因,此接头又被称为 DB9 接头。目前,很多投影机都有串口输入接口,此端口被用于将计算机或者其他控制设备(如中控主机)的信号输入控制投影机。多数厂家都会提供相应的控制协议,以便于系统集成商对设备进行通信和编程控制,在智能会议室、智能家居等建设中根据协议,使用中控主机可以方便地进行投影机等多种设备的并发控制。

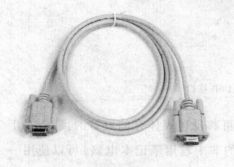

图 4 - 31　串口线

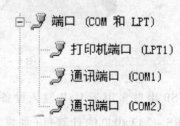

图 4 - 32　设备管理器

（2）RS-422：为改进 RS-232 通信距离短、速率低的缺点，RS-422 定义了一种平衡通信接口，将数据传输速率提高到 10Mb/s，传输距离延长到 4000 英尺（1 英尺 = 0.3048m）（速率低于 100Kb/s 时），并允许在一条平衡总线上连接最多 10 个接收器。RS-422 是一种单机发送、多机接收的单向、平衡传输规范，被命名为 TIA/EIA-422-A 标准。

（3）RS-485：为扩展应用范围，EIA 又于 1983 年在 RS-422 基础上制定了 RS-485 标准，增加了多点、双向通信能力，即允许多个发送器连接到同一条总线上，同时增加了发送器的驱动能力和冲突保护特性，扩展了总线共模范围，后来命名为 TIA/EIA-485-A 标准。

10）USB 串口

通用串行总线（Universal Serial Bus，USB）是目前计算机上应用较广泛的接口规范，由 Intel、Microsoft、Compaq、IBM、NEC、Northern Telcom 等几家大厂商发起的新型外设接口标准。USB 接口（图 4-33）是计算机主板上的一种四针接口，其中中间两个针传输数据，两边两根针为外设供电。USB 接口速度快、连接简单、不需要外接电源，传输速率 12Mb/s，USB2.0 能够达到 480Mb/s；USB 电缆的最大长度为 5m，电缆中有 4 条线，2 条信号线，2 条电源线，可提供 5V 电源。USB 电缆还分屏蔽和非屏蔽两种，屏蔽电缆传输速率可达 12Mb/s，价格较贵，非屏蔽电缆传输速率为 1.5Mb/s，但价格便宜；USB 通过串联方式最多可串接 127 个设备；此接口支持热插拔。

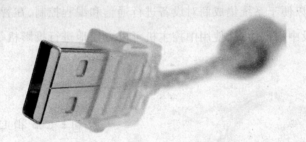

图 4-33　USB 接口

USB 串口多用于 USB 输入设备和可移动多媒体存储设备的接入，对于没有 RS-232 串口的计算机（如常见的非工程用笔记本电脑）可以使用一个 USB 转 RS-232 串口的转接线来实现 RS-232 的串口控制，如图 4-34 所示。

11) RJ - 45 接口(图 4 - 35)

RJ - 45 接口是以太网最为常用的接口,RJ - 45 是一个常用名称,指的是由 IEC(60)603 - 7 标准化,使用由国际性的接插件标准定义的 8 个位置(8 针)的模块化插孔或者插头。

图 4 - 34　USB 转 RS - 232 串口线　　　图 4 - 35　RJ - 45 通过双绞线网线/
水晶头互连

投影机通过该接口可以和各种计算机设备进行互连,实现远程连接控制。

2. 其他接口

在系统集成建设中,除了上述投影机常用的音频接口外,专业数字会议以及多种必要的音响设备还会用到其他音频接口,它们所包含的都是多个声道的信息,也比较容易与其他接口进行转换。

1) TRS 接头

TRS 接头是一种较为常见的音频接头。TRS 的含义是 Tip(信号)、Ring(信号)、Sleeve(地),分别代表了该接头的 3 个接触点。TRS 接头为圆柱体形状,触点之间,用绝缘的材料隔开。为了适应不同的设备需求,TRS 有 3 种尺寸:1/4 英寸(6.3mm),1/8 英寸(3.5mm),3/32 英寸(2.5mm),如图 4 - 36 所示。

(1) 2.5mm 接头在手机等轻薄的便携型产品上比较常见,用于体积较小的设备上,以提高空间利用率。

3.5mm TRS 音频接头又叫做小 3 芯接头,这也是大多数计算机上所采用的

图 4 - 36　不同尺寸的 TRS 接头

声卡接口的最主要的形式,除此之外,包括绝大部分 MP3 播放器、MP4 播放器和部分音乐手机的耳机输出接口也使用小 3 芯,输出的是立体声音频(双声道:左声道和右声道),可以转换为两个 RCA 接头的形式,如图 4 - 37 所示。

(2) 6.3mm 接头,俗称大 3 芯,如图 4 - 38 所示,是为了提高接触面以及耐用度设计的模拟接头,常见于监听等专业音频设备上。它也是一种常见的音频设备连接插头形式,一般用于平衡信号的传输或者非平衡立体声信号的传输,用作平衡信号的传输时候,功能与卡侬头一样。

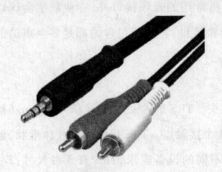

图 4 - 37　3.5mm TRS(小 3 芯)
接口转 2RCA

图 4 - 38　6.3mm TRS(大 3 芯)接头

6.3mm TRS 平衡接头能提供平衡输入输出。除了具有耐磨损的优点外,还具有平衡接头独有的高信噪比,抗干扰能力强等特点。平衡与非平衡的介绍见附录。

专业数字会议都会用到话筒,话筒一般输出的是单声道音频,常用到的接口是大 2 芯和 XLR(卡侬)接口。无论是会议还是各种多媒体应用的音频,经常会用到调音台等音频处理设备,这些设备也常常会用到这两种接口。

2) 大 2 芯接头

大 2 芯接头,与大 3 芯接头接近,外观上少一个环(Ring),如图 4 – 39 所示,因此比大 3 芯少传输一路信号,又称 TS 插头(Tip 和 Sleeve),用于传输单声道信号,可以直接通过芯对芯,屏蔽层对屏蔽层的焊接与 RCA、BNC 等用于单声道的接头实现直接的转换。

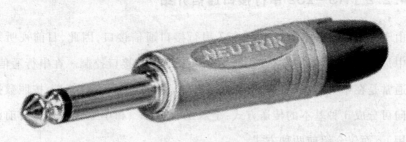

图 4 – 39 大 2 芯接头

3) XLR(卡侬)接头(图 4 –40 和图 4 –41)

XLR 接头又称做卡侬头(Cannon Plug or Cannon Connector),之所以称做卡侬头,是因为 James H. Cannon 先生(Cannon Electric 的创立者,现在该公司已经被并入 ITT Corporation)是卡侬头最初的生产制造商。最早的产品是"Cannon X"系列,后来,制造商对产品进行了改进,增加了一个插销(其实是一个锁定装置),产品系列更名为"Cannon XL",然后又围绕着接头的金属触点,增加了橡胶封口胶(Rubber Compound),最后人们就把这 3 个单词的头一个字母拼在一起,称作"XLR Connector",即 XLR 接头。需要注意的是,XLR 接头有 3 脚的,也有 2 脚、4 脚、5 脚、6 脚的接头。使用最普遍的接头是 3 脚的卡侬头,即 XLR3,如图 4 –40所示。

由于采用了锁定装置,XLR 的连接很牢靠。XLR 接头通常出现在麦克风、电吉他等设备上。通过转接头,卡侬头可以方便的与大 3 芯进行相互转换,如图 4 –41 所示。

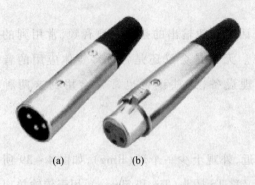

图 4－40　XLR(卡侬)接头　　　　图 4－41　3.5mm TRS 接口
　　　　　　　　　　　　　　　　　　　　　转 XLR(卡侬)

4.2.2　RS－232 串行接口通信介绍

由于专业级设备都具有 RS－232 串行接口通信接口,因此,目前视听系统集成中最为常用的一种控制方法就是 RS－232 串行接口控制。在串行通信中,数据通常是在中央控制主机和受控设备(如投影机)之间进行传送,按照数据流的方向可分成 3 种基本的传送方式:全双工、半双工、和单工。但单工目前已很少采用,下面仅介绍前两种方式。

1. 全双工方式(Full Duplex)

当数据的发送和接收分流,分别由两根不同的传输线传送时,通信双方都能在同一时刻进行发送和接收操作,这样的传送方式就是全双工制,如图 4－42 所示。在全双工方式下,通信系统的每一端都设置了发送器和接收器,因此,能控制数据同时在两个方向上传送。全双工方式无需进行方向的切换,因此,没有切换操作所产生的时间延迟,这对那些不能有时间延误的交互式应用(例如远程监测和控制系统)十分有利。这种方式要求通信双方均有发送器和接收器,同时,需要两根数据线传送数据信号(可能还需要控制线和状态线,以及地线)。

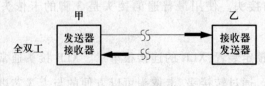

图 4－42　全双工通信示意图

例如,计算机主机用串行接口连接显示终端,而显示终端带有键盘。这样,一方面键盘上输入的字符送到主机内存;另一方面,主机内存的信息可以送到屏幕显示。通常,往键盘上打入一个字符以后,先不显示,计算机主机收到字符后,立即回送到终端,然后终端再把这个字符显示出来。这样,前一个字符的回送过程和后一个字符的输入过程是同时进行的,即工作于全双工方式。

2. 半双工方式(Half Duplex)

若使用同一根传输线既作接收又作发送,虽然数据可以在两个方向上传送,但通信双方不能同时收发数据,这样的传送方式就是半双工制,如图 4 – 43 所示。采用半双工方式时,通信系统每一端的发送器和接收器,通过收/发开关转接到通信线上,进行方向的切换,因此,会产生时间延迟。收/发开关实际上是由软件控制的电子开关。

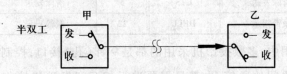

图 4 – 43 半双工通信示意图

当控制主机用串行接口连接设备终端,两者采用半双工方式工作时,从键盘打入的字符在发送到主机的同时就会被送到终端上显示出来,而不是用回送的办法,所以避免了接收过程和发送过程同时进行的情况。

目前多数终端和串行接口都为半双工方式提供了换向能力,也为全双工方式提供了两条独立的引脚。在实际使用时,一般并不需要通信双方同时既发送又接收,像打印机这类的单向传送设备,半双工甚至单工就能胜任,也无需倒向。

在视听会议系统中,大多数设备都是单向接收指令,只有会议主机等少量设备会同时向控制主机发信号,只要制作的控制线接触良好,通信协议正确,就可以保证控制主机与受控设备的通信正常。

目前,较为常用的串口有 9 针串口(DB9)和 25 针串口(DB25),通信距离较近时(小于 15m),可以用电缆线直接连接标准 RS – 232 串行接口,若距离较远,需附加调制解调器(MODEM),或者使用其他串口通信方式,如 RS – 422、RS – 485。最常用的是三线制接法,即地、接收数据和发送数据 3 脚相连,下面接线介绍只涉及到最为基本的方法。

1）DB9 和 DB25 的常用信号针脚说明

DB9 和 DB25 的常用信号针脚说明如表 4 - 1 所列。

表 4 - 1　DB9 和 DB25 的常用信号针脚说明

9 针串口（DB9）			25 针串口（DB25）		
针号	功能说明	缩写	针号	功能说明	缩写
1	数据载波检测	DCD	8	数据载波检测	DCD
2	接收数据	RXD	3	接收数据	RXD
3	发送数据	TXD	2	发送数据	TXD
4	数据终端准备	DTR	20	数据终端准备	DTR
5	信号地	GND	7	信号地	GND
6	数据设备准备好	DSR	6	数据准备好	DSR
7	请求发送	RTS	4	请求发送	RTS
8	清除发送	CTS	5	清除发送	CTS
9	振铃指示	DELL	22	振铃指示	DELL

在实际应用中，多数投影机采用的都是 9 针（孔）接口，控制主机和大多数输入输出设备之间的通信，也都只需要进行相互间发送与接收针脚的互连即可，采用的 2（RXD）、3（TXD）、5（GND）管脚直连或交叉的三线式焊法，详细通信设置只需要参考相关设备的串口控制协议和接口说明，大多数专业设备厂商都会向工程商提供这些资料。

2）串口调试中的注意事项

（1）不同编码机制不能混接，如 RS - 232 - C 不能直接与 RS - 422 接口相连，市面上专门的各种转换器卖，必须通过转换器才能连接。

（2）串口调试时，准备一个好用的调试工具，如串口调试助手、串口精灵等，有事半功倍之效果。

（3）建议不要带电插拔串口，插拔时至少有一端是断电的，否则串口易损坏。

3）串口通信的实现

串口用于 ASCII 码字符的传输，也可以使十六进制指令，目前绝大多数投影仪厂商都会提供 RS - 232 协议和指令集。通信一般使用 3 根线完成：地线、发送线、接收线。由于串口通信是异步的，接口能够在一根线上发送数据同时在另一根线上接收数据。其他线用于握手，但是不是必须的。串口通信最重要的参数是波特率、数据位、停止位和奇偶校验。对于两个进行通信的接口，这些参数必须匹配。

（1）波特率：衡量通信速度的参数。它表示每秒钟传送的位（bit）的个数。例如，波特率为 300 表示每秒钟发送 300 个位的数据。常提到的时钟周期就是指波特率，如果协议需要 4800 波特率，那么时钟即为 4800Hz，这意味着串口通信在数据线上的采样率为 4800Hz。通常电话线的波特率为 14400、28800 和 36600。波特率可以远远大于这些值，但是波特率和距离成反比。高波特率常常用于放置的很近的仪器间的通信。

（2）数据位：衡量通信中实际数据位的参数。当计算机发送一个信息包，实际的数据不一定是 8 位，标准的值是 5 位、7 位和 8 位。如何设置取决于用户想传送的信息。如，标准 ASCII 码是 0 ~ 127（7 位），扩展 ASCII 码是 0 ~ 255（8 位）。如果数据使用简单的文本（标准 ASCII 码），则每个数据包使用 7 位数据。每个包是指一个字节，包括开始/停止位，数据位和奇偶校验位。由于实际数据位取决于通信协议的选取，术语"包"指任何通信的情况。

（3）停止位：用于单个包的最后一位。典型的值为 1，1.5 和 2。由于数据是在传输线上定时的，并且每一个设备有其自己的时钟，很可能在通信中两台设备间出现了一些不同步。因此停止位不仅仅是表示传输的结束，还为计算机提供了校正时钟同步的机会。用于停止位的位数越多，不同时钟同步的容忍程度越大，但是数据传输率同时也越慢。

（4）奇偶校验位：在串口通信中一种简单的检错方式。通常有 4 种检错方式：偶、奇、高和低，也可以没有校验位。对于奇和偶校验的情况，串口会设置校验位（数据位后面的一位），用一个值确保传输的数据有奇数个或者偶数个逻辑高位。例如，如果数据是 011，那么对于偶校验，校验位为 0，保证逻辑高的位数是偶数个。如果是奇校验，校验位为 1，这样就有 3 个逻辑高位。高位和低位不真正检查数据，简单置位逻辑高或者逻辑低进行校验。这样使得接收设备能够知道一个位的状态，有机会判断是否通信受到了干扰或者是否传输和接收数据不同步。

4.2.3 常用线材的制作

在智能视听会议室和大屏幕投影建设中，由于每个现场的环境差别很大，用户的需求也不同，工程中需要的音视频线材往往都需要根据环境铺设和制作。下面就将工程上经常要定制的线材的选择注意事项及其接头的制作方法进行逐一的介绍。

1. 视频线

视频连接线简称视频线,由视频电缆和连接头两部分组成,其中视频电缆是特征阻抗为75Ω的同轴屏蔽电缆,常见的规格按线径分为 -3 和 -5 两种,按芯线分有单芯线和多芯线两种,连接头常见的规格按电缆端连接方式分有压接头和焊接头两种,按设备端连接方式分有 BNC(俗称卡头),RCA(俗称莲花头)两种。在 VGA 转 RGB 的传输中,每根 BNC 线缆也是使用的 -3 到 -5 的同轴线缆。

视频线是视频系统的重要组成部分,其质量的好坏直接影响到视频通道的技术指标,质量差的视频线有可能造成信号的严重衰减,设备间信号不同步,甚至信号中断。在视频系统中除少量控制信号线外,节目信号、同步信号、按键信号等都会由视频线传输,因而视频线发生问题是造成设备和系统故障常见的原因之一。

在制作视频线的过程中,首先,必须选择正确的视频电缆和连接头。选择电缆首先应注意其标称的阻抗,有一种特征阻抗为50Ω的电缆在外观上和视频电缆很接近,但是不能用于视频传输,否则信号质量会非常差,距离越远越明显。另外,应注意电缆或连接头有没有发生氧化的情况,出现此情况的电缆或连接头应当报废或者视情况进行处理,否则,氧化物会造成焊点虚焊,导致信号严重衰减,甚至中断。市场上有个别厂商偷工减料,生产的视频线不符合规格,如屏蔽层稀疏、线径不标准等,购买时也需要加以注意。在连接头的选择上尽量符合设备需要,避免或减少使用转换头,规格应按电缆的规格对应使用。

其次,必须保证良好的压接质量或焊接质量。使用压接方式的接头,对电缆的各层线径和压接的工艺要求很严格,表面上制作起来较省事,但稍不注意,就可能虚接,如果经常拔插,可靠性就会更低,因此,应尽量避免使用这种类型的接头,不得已使用此接头时,最好在压接后,再加以点焊,同时在拔插时,避免在电缆上过度用力,以免造成劳损。相对而言,焊接型的接头对工艺要求就低一些,但仍然需要注意接头规格和电缆规格的一致,焊接要求和焊接普通电子电路板的要求相同,焊点要光滑、平整,避免虚焊。

最后,需要检查是否有开路或短路的情况。每当做好一条线,无论是音频线还是视频线,无论是何种接头,长度如何,都尽量用设备进行通路测试,确定没有开路或短路的情况后,才算完成。

1）BNC 头制作

（1）剥线。同轴电缆由外向内分别为保护胶皮、金属屏蔽网线（接地屏蔽线）、乳白色透明绝缘层和芯线（信号线），芯线由一根或几根铜线构成，金属屏蔽网线是由金属线编织的金属网，内外层导线之间用乳白色透明绝缘物填充，内外层导线保持同轴，这也是同轴电缆名称的由来。剥线时用小刀将同轴电缆外层保护胶皮剥去 1cm～2cm，要避免割伤金属屏蔽线，再将芯线外的绝缘层剥去 0.5cm～1cm，使芯线裸露，这个过程中要避免芯线的损伤。

（2）连接芯线。BNC 接头由 BNC 接头本体、屏蔽金属套筒、芯线插针三部分组成，芯线插针用于连接同轴电缆芯线；剥好线后，将芯线插入芯线插针尾部的小孔中，用专用卡线钳前部的小槽用力夹一下，使芯线压紧在小孔中。

此过程中，可以使用电烙铁焊接芯线与芯线插针，焊接芯线插针尾部的小孔中置入一点松香粉或中性焊剂后焊接，焊接时注意不要将焊锡流露在芯线插针外表面，否则可能导致芯线插针报废。

注意：如果没有专用卡线钳可用电工钳代替，但需注意的是不要使芯线插针变形太大，同时要将芯线压紧以防止接触不良。

（3）装配 BNC 接头。连接好芯线后，先将屏蔽金属套筒套入同轴电缆，再将芯线插针从 BNC 接头本体尾部孔中向前插入，使芯线插针从前端向外伸出，最后将金属套筒前推，使套筒将外层金属屏蔽线卡在 BNC 接头本体尾部的圆柱体。

（4）压线。保持套筒与金属屏蔽线接触良好，用卡线钳上的六边形卡口用力夹，使套筒形变为六边形。重复上述方法在同轴电缆另一端制作 BNC 接头（如果也是 BNC 接头的话）即制作完成。使用前最好用万用电表检查一下，断路和短路均会导致无法通信。

注意：制作组装式 BNC 接头需使用小螺丝刀和电工钳，按上述方法剥线后，将芯线插入芯线固定孔，再用小螺丝刀固定芯线，外层金属屏蔽线拧在一起，用电工钳固定在屏蔽线固定套中，最后将尾部金属拧在 BNC 接头本体上。

制作焊接式 BNC 接头需使用电烙铁，按前述方法剥线后，只需用电烙铁将芯线和屏蔽线焊接 BNC 头上的焊接点上，套上硬塑料绝缘套和软塑料尾套即可。

2）VGA 头制作

VGA 接头分公头和母头两种。针脚顺序是以公头面向自己，D 型长边在上，3 行针脚自上至下，自左至右分别为 1 脚 ~ 5 脚，6 脚 ~ 10 脚，11 脚 ~ 15 脚。母头与公头相对接时，对应针脚号相一致，因此母头针脚定义则为自上至下，自右至左的顺序编号。表 4 - 2 指出了各个针脚的常用定义。

表 4 - 2　VGA 针脚定义

针脚	定义	针脚	定义
1	红基色 Red	9	保留（各家定义不同）
2	绿基色 Green	10	数字地
3	蓝基色 Blue	11	地址码
4	地址码 ID Bit	12	地址码
5	自测试（各家定义不同）	13	行同步
6	红地	14	场同步
7	绿地	15	地址码（各家定义不同）
8	蓝地		

VGA 接头的焊接方法：选择 3 + 4 计算机视频线的传统焊法见表 4 - 3（注意 D15 接头一定选用金属外壳）。

表 4 - 3　VGA 接头的 3 + 4 焊法

3 + 4	D15	3 + 4	D15
红线的芯线	1 脚	黑线	10 脚
红线的屏蔽线	6 脚	棕线	11 脚
绿线的芯线	2 脚	黄线	13 脚
绿线的屏蔽线	7 脚	白线	14 脚
蓝线的芯线	3 脚	外层屏蔽	D15 端壳压接
蓝线的屏蔽线	8 脚		

还有一种非常实用的焊接方法：D15 两端的 5 脚 ~ 10 脚焊接在一起做公共地，红、绿、蓝的屏蔽线绞在一起接到公共地上；1 脚、2 脚、3 脚接红、绿、蓝的芯线；13 脚接黄线；14 脚接白线；外层屏蔽压接到 D15 端壳。

还有一些厂商自己定义的焊接方法，在某些专用设备上可能会使用到，表 4 - 4 为各类 VGA 接头接线的简单归纳，仅供参考。

表 4 - 4　VGA 接头的多种焊法

普通接线图(3+6)						普通接线图(3+4)				
1 脚	2 脚	3 脚	4 脚	5 脚		1 脚	2 脚	3 脚	4 脚	5 脚
屏蔽内红	屏蔽内灰	屏蔽内蓝	不用	所有屏蔽		屏蔽内红	屏蔽内灰	屏蔽内蓝	不用	不用
6 脚	7 脚	8 脚	9 脚	10 脚		6 脚	7 脚	8 脚	9 脚	10 脚
所有屏蔽	所有屏蔽	所有屏蔽	黑	所有屏蔽		红色外屏蔽	灰色外屏蔽	蓝色外屏蔽	不用	屏蔽
11 脚	12 脚	13 脚	14 脚	15 脚		11 脚	12 脚	13 脚	14 脚	15 脚
所有屏蔽	橙*	黄	白	绿*		不用	橙	黄	白	绿
PHILIPS 接线图(3+6)						HP 接线图(3+6)				
1 脚	2 脚	3 脚	4 脚	5 脚		1 脚	2 脚	3 脚	4 脚	5 脚
屏蔽内红	屏蔽内灰	屏蔽内蓝	不用	棕色		屏蔽内红	屏蔽内灰	屏蔽内蓝	不用	所有屏蔽+棕
6 脚	7 脚	8 脚	9 脚	10 脚		6 脚	7 脚	8 脚	9 脚	10 脚
红色外屏蔽	灰色外屏蔽	蓝色外屏蔽	黑	屏蔽		所有屏蔽	所有屏蔽	所有屏蔽	黑	所有屏蔽
11 脚	12 脚	13 脚	14 脚	15 脚		11 脚	12 脚	13 脚	14 脚	15 脚
不用	橙*	黄	白	绿		所有屏蔽	橙	黄	白	绿

注：* 可有可无

如果是 VGA 转 5BNC 线缆,需要将各个信号的地线(屏蔽层)独立开来,和对应的芯线分别焊接到相应的 BNC 接头上即可。3m 以内建议使用 VGA 转 5BNC 的成品线缆,可以有效的避免焊接环节可能带来的信号干扰。

2. 音频线

音频连接线由音频电缆和连接头两部分组成,其中音频电缆一般为双芯屏蔽电缆,连接头常见的有 RCA、XLR、TRS JACKS(俗称插笔头)。

(1) XLR(卡侬头)。输入/输出平衡信号,高阻抗。分公、母两种,公头一般用于输出信号——如将信号输入给调音台;母头用与接收信号,如接收话筒的信号等。当然,也不是绝对的,选用哪种接头需要根据设备而定。如图 4 - 44 所示,HOT 指热端,COLD 指冷端,用于传输一组平衡信号,即信号相同而相位相反的信号,SHIELD 用于接地。

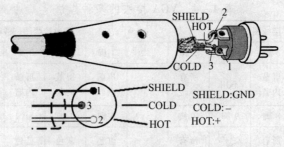

图 4 - 44　XLR 焊法

（2）TRS（大 3 芯）。用于平衡信号，或者用于不平衡的立体声信号，如耳机，如图 4 - 45 所示，TIP 和 RING 都用于传输单路信号，既可以传输两个平衡信号，也可以传输不同的信号，如左右声道信号。SLEEVE 是指屏蔽层，可用于接地，也可以与一个多股信号线的某根芯线或屏蔽网的焊接或压合。

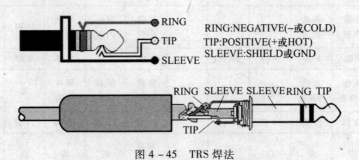

图 4 - 45　TRS 焊法

（3）TS（大 2 芯）。用于单声道信号，如图 4 - 46 所示，它比 TRS 少一路信号，因此只能传输单声道的信号，TIP 和 SLEEVE 一般对应信号线和屏蔽层。

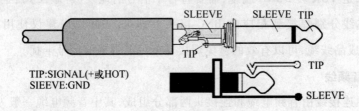

图 4 - 46　TS 焊法

（4）RCA（莲花头）。民用音视频设备上很常见，如常用的 CD 机、液晶电视等。模拟视频信号也会用这种插头，只是用 RCA 输出的视频信号质量很差，此时插头、插座的颜色为黄色。小 3 芯转 RCA 线缆是一种常见的线材，两条 RCA 接头颜色一般为一白一红，分别传输左右声道的信号，视频线接头一般使用黄色。莲花头的拆解如图 4 - 47 所示，与大 2 芯一样，TIP 和 SLEEVE 分别焊接信号线和屏蔽层即可,在音频中两个接头可以焊在一根线的两端。在视频线中,RCA 和 BNC 也经常出现在线材的两端。

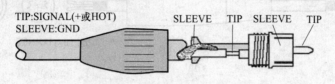

图 4 - 47 RCA 焊法

音频线相对视频线要复杂一些,除了视频线的注意事项外,还有一个平衡和不平衡接法的问题。

平衡接法就是用两条信号线传送一对平衡的信号的连接方法,由于两条信号线受的干扰大小相同,相位相反,最后将使干扰被抵消。由于音频的频率范围较大,在长距离的传输情况下,容易受到干扰,因此,平衡接法作为一种抗干扰的连接方法,在专业设备的音频连接中最为常见。在家用电器的连接线中也有用两芯屏蔽线作音频连接线的,但是,它传输的是左右声道,是两个信号,不属于平衡接法。

而不平衡接法就是仅用一条信号线传送信号的连接方法,由于这种接法容易受到干扰,所以只一般在家用电器上或一些要求较低的情况下使用。

具体的接法以 XLR 接头为例进行介绍。

(1)平衡接法:1 脚接屏蔽,2 脚接"+"端(又称热端),3 脚接"-"端(又称冷端),如图 4 - 48 所示。

(2)不平衡接法:1 脚和 3 脚相连接屏蔽,2 脚接 +端(信号端)。

注意:卡侬头的接法应记住一句口诀:1 地 2 正 3 负。意思是 1 脚接地(屏蔽网),2 脚接热端(+),3 脚接冷端(-)。公母接法一致。另外,卡侬转大 3 芯 6.3mm 插头时冷热端也需要保持一致,而卡侬转大 2 芯 6.3mm(非平衡)插头时则在连接大 2 芯那端将信号线的冷端(-)和网线合并一起然后接地端。

选择何种接法需要根据设备对接口的具体要求而定,能使用平衡接法的尽量使用平衡接法,进行连接时务必先看清面板上的说明,最好阅读使用说明书上的有关说明和要求后进行。在一些场合还可能遇到一端的设备接口是平衡接口,另一端的设备是不平衡接口的情况,在要求不很严格的情况,只需在平衡端使用平衡接法,不平衡端使用不平衡接法,注意各脚的信号对应关系就可以了。在要求严格的情况下,必须使用转换电路将平衡转为不平衡或将不平衡转为平衡。

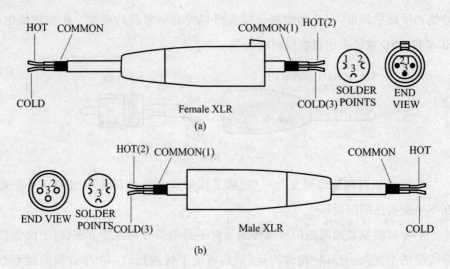

图 4-48　XLR 平衡音频焊法

3. 网线

要连接局域网,网线是必不可少的。在局域网中常见的网线主要有双绞线、同轴电缆、光缆 3 种。

双绞线是由许多对线组成的数据传输线。它的特点就是价格便宜,所以被广泛应用,如常见的电话线等。它是用来和 RJ-45 水晶头相连的。它又有 STP 和 UTP 两种,常用的是 UTP。STP 的双绞线内有一层金属隔离膜,在数据传输时起到屏蔽作用,可以减少电磁干扰,所以它的稳定性较高。而 UTP 内没有这层金属膜,稳定性较差。在视听系统集成的工程中,双绞线往往作为预先铺设的网络连接线,控制连接线或者延长线等来使用。

双绞线用于星形网络的布线时,每条双绞线通过两端安装的 RJ-45 连接器(俗称水晶头)将各种网络设备连接起来。双绞线的标准接法不是随便规定的,目的是保证线缆接头布局的对称性,这样就可以使接头内线缆之间的干扰相互抵消。

超 5 类线是网络布线最常用的网线,分屏蔽和非屏蔽两种。如果是室外使用,屏蔽线要好些,在室内一般用非屏蔽 5 类线就够了,而由于不带屏蔽层,线缆会相对柔软些,但其连接方法都是一样的。一般的超 5 类线里都有 4 对绞在一起的细线,并用不同的颜色标明。

双绞线有两种接法:EIA/TIA 568B 标准和 EIA/TIA568A 标准。具体接法见表 4-5。

表 4 - 5   双绞线线序说明

T568A 线序							
1	2	3	4	5	6	7	8
绿白	绿	橙白	蓝	蓝白	橙	棕白	棕
T568B 线序							
1	2	3	4	5	6	7	8
橙白	橙	绿白	蓝	蓝白	绿	棕白	棕

在网络布线中,T568B 线序使用居多,T568A 一般用于直连线的制作。

在网线作为高带宽数据的压缩传输时,最好选用超 5 类或者 6 类线,这样在传输带宽较高信号时(如 KVM 信号,音视频延长信号等)才更有保证。

以上是视听工程中最常用到的线缆和接头的制作,另外工程中还会用到一些其他的传输线缆,制作相对简单。例如,功放到音箱的连接,需要喇叭线(金银线),其只需要把两根线按照标识固定到欧姆接头上即可,有些音响设备连欧姆接头都可以不用,只需要按照对应关系将音频线固定到接线柱上即可,没有复杂的线序和其他特殊的要求。

在音视频远距离传输时还可能会使用到光缆,光缆分为单模和多模,需要和光端机配合使用,在楼宇之间或远距离房间的高清音视频信号传输的时候可以采用。它是由许多根细如发丝的玻璃纤维外加绝缘套组成的。由于靠光波传送,它的特点就是抗电磁干扰性极好、保密性强、速度快、传输容量大等。光缆的熔接需要专业人员和专业工具才能保证质量。

4.2.4   线缆的选择

1. 线缆基础

1)定义

电线、电缆是指用以传输电能信息和实现电磁能转换的线材产品。

(1)电线。通常把只有金属导体的产品和在导体上敷有绝缘层外加轻型保护(如棉纱编织层、玻璃丝编织层、塑料、橡皮等)、结构简单、外径比较细小、使用电压和电流比较小的绝缘线,叫做电线。

(2)电缆。把既有导体和绝缘层,还加有防止水分侵入的严密内护层,或加有机械强度大的外护层,结构较为复杂,截面积较大的产品叫做电缆。

2）线缆基本组成

电线、电缆由导体（导线）、绝缘层、屏蔽、绝缘线芯、保护层等基本部分组成。根据不同需要的电线、电缆是按照由上述某些或全部组成内容组成的集成体。

3）线缆主要用途

供电；输配电；电机、电器和电工仪器绕组以实现电磁能转换；测量电气参数和物理参数；传输信号、信息和控制；用于共用天线电视或电缆电视系统；用作无线电台发射和接收天线的馈电线或各种射频通信及测试设备连接线。

4）电缆电线分类

按用途可分为裸导线、绝缘电线、耐热电线、屏蔽电线、电力电缆、控制电缆、通信电缆、射频电缆等。

常有的绝缘电线有以下几种：聚氯乙烯绝缘电线、聚氯乙烯绝缘软线、丁腈聚氯乙烯混合物绝缘软线、橡皮绝缘电线、农用地下直埋铝芯塑料绝缘电线、橡皮绝缘棉纱纺织软线、聚氯乙烯绝缘尼龙护套电线、电力和照明用聚氯乙烯绝缘软线等。

5）常用电缆型号

（1）syv：实心聚乙烯绝缘射频同轴电缆。

（2）sywv（y）：物理发泡聚乙绝缘有线电视系统电缆，视频（射频）同轴电缆（syv、sywv、syfv）适用于视频监控及有线电视工程。

（3）sywv（y）、sykv 有线电视、宽带网专用电缆结构：（同轴电缆）单根无氧圆铜线＋物理发泡聚乙烯（绝缘）＋（锡丝＋铝）＋聚氯乙烯（聚乙烯）。

（4）信号控制电缆（rvv 护套线、rvvp 屏蔽线）适用于楼宇对讲、防盗报警、消防、自动抄表等工程 rvvp：铜芯聚氯乙烯绝缘屏蔽聚氯乙烯护套软电缆电压300V/300V2－24 芯用途：仪器、仪表、对讲、监控、控制安装。

（5）rg：物理发泡聚乙烯绝缘接入网电缆用于同轴光纤混合网（hfc）中传输数据模拟信号。

（6）kvvp：聚氯乙烯护套编织屏蔽电缆用途：电器、仪表、配电装置的信号传输、控制、测量。

（7）rvv（227IEC52/53）聚氯乙烯绝缘软电缆用途：家用电器、小型电动工具、仪表及动力照明。

（8）avvr 聚氯乙烯护套安装用软电缆。

（9）sbvvhya 数据通信电缆（室内、外）用于电话通信及无线电设备的连接以及电话配线网的分线盒接线用。

（10）rv、rvp 聚氯乙烯绝缘电缆。

（11）rvs、rvb 适用于家用电器、小型电动工具、仪器、仪表及动力照明连接用电缆。

（12）bv、bvr 聚氯乙烯绝缘电缆用途：适用于电器仪表设备及动力照明固定布线用。

（13）rib 音箱连接线（发烧线）。

（14）kvv 聚氯乙烯绝缘控制电缆用途：电器、仪表、配电装置信号传输、控制、测量。

（15）sftp 双绞线传输电话、数据及信息网。

（16）ul2464 计算机连接线。

（17）vga 显示器线。

（18）syv 同轴电缆无线通信、广播、监控系统工程和有关电子设备中传输射频信号（含综合用同轴电缆）。

（19）sdfavp、sdfavvp、syfpy 同轴电缆，电梯专用。

（20）jvpv、jvpvp、jvvp 铜芯聚氯乙烯绝缘及护套铜丝编织电子计算机控制电缆。

2. 传输方式的选择

（1）选择传输方式的依据：

① 传输距离。

② 地理条件。

③ 终端连接设备的数量以及分布情况。

（2）传输距离较近时，如会议室内或相邻房间之间，可采用同轴电缆传输视频基带信号的视频传输方式。

当传输的黑白（彩色）电视基带信号，在 5MHz（5.5MHz）点的不平坦度大于3dB 时，宜加电缆均衡器，当大于 6dB 时，应加电缆均衡放大器。

（3）传输距离较远，如在远程监控工程的监控室建设中，监视点分布范围广，或需进入电缆电视网时，宜采用同轴电缆传输射频调制信号的射频传输方式。

（4）长距离传输或需避免强电磁场干扰的传输，宜采用传输光调制信号的光缆传输方式。当有防雷要求时，应采用无金属光缆。

（5）系统的控制信号可采用多芯线直接传输或将遥控信号进行数字编码用电（光）缆进行传输。

3. 视听系统中所用的线缆

视频传输设计是视听系统尤其是监控系统中非常重要的部分。一套视频系统选用能够产生或处理高质量画面的摄像机、镜头、监视器、录像机，也需要有良好的传输系统，最终在显示终端上才能看到良好的图像。工程人员必须根据实际情况选择合适的传输方式、高质量的传输线缆和设备，并按专业标准进行安装。

视频信号传输一般采用直接调制技术、以基带频率（约 8MHz）的形式，最常用的传输介质是同轴电缆。一般采用专用的 SYV75 欧姆系列同轴电缆，常用型号为 SYV75 – 5（它对视频信号的无中继传输距离一般为 300m ~ 500m）；距离较远时，需采用 SYV75 – 7、SYV75 – 9 甚至 SYV75 – 12 的同轴电缆（在实际工程中，粗缆的无中继传输距离可达 1km 以上）；也有通过增加视频放大器以增强视频的亮度、色度和同步信号，但线路中干扰信号也会被放大，所以回路中不能串接太多视频放大器，否则会出现饱和现象，导致图像的失真；距离更远的采用光纤传输方式，光纤传输具有衰减小、频带宽、不受电磁波干扰、重量轻、保密性好，主要用于国家及省市级的主干通信网络、有线电视网络及高速宽带计算机网络。

通信线缆一般用在配置有云台、镜头的摄像装置，在使用时需在现场安装解码器。现场解码器与控制中心的视频矩阵切换主机之间的通信传输线缆，一般采用 2 芯屏蔽通信电缆（RVVP）或 3 类双绞线 UTP，每芯截面积为 $0.3mm^2$ ~ $0.5mm^2$。选择通信电缆的基本原则是距离长，线径大。例如：RS – 485 通信规定的基本通信距离是 1200m，实际工程中选用 RVV2 – 1.5 的护套线可以将通信长度扩展到 2000m 以上。当通信距离过长时，需使用 RS – 485 通信中继器。

控制电缆通常指的是用于控制云台及电动可变镜头的多芯电缆：它一端连接于控制器或解码器的云台、电动镜头控制接线端；另一端则直接接到云台、电动镜头的相应端子上。由于控制电缆提供的是直流或交流电压，而且一般距离很短(有时还不到 1m),基本上不存在干扰问题,因此不需要使用屏蔽线。常用的控制电缆大多采用 6 芯或 10 芯电缆,如 RVV6 - 0.2、RVV10 - 0.12 等。其中 6 芯电缆分别接于云台的上、下、左、右、自动、公共 6 个接线端,10 芯电缆除了接云台的 6 个接线端外还包括电动镜头的变倍、聚焦、光圈、公共 4 个端子。在闭路电视监控系统中,从解码器到云台及镜头之间的控制电缆由于距离比较短,一般不作特别要求;而由中控室的控制器到云台及电动镜头的距离少则几十米,多则几百米,对控制电缆就需要有一定的要求,即线径要粗,如选用 RVV10 - 0.5、RVV10 - 0.75 等。

音频线缆一般采用 4 芯屏蔽通信电缆(RVVP)或 3 类双绞线,每芯截面积为 0.5mm^2。在没有干扰的环境下,也可选为非屏蔽双绞线,如在综合布线中常用的 5 类双绞线(4 对 8 芯);由于监控系统中监听头的音频信号传到中控室采用的是点对点的布线方式,用高压小电流传输,因此,采用非屏蔽的 2 芯电缆即可,如 RVV2 - 0.5 等。

1)模拟音频电缆

模拟音频电缆大致可以分为 3 类:麦克风(传声器的俗称,也称话筒)电缆、吉他/线路电缆和音箱电缆。通常情况下,音频电缆的中心部分是导体,是音频信号的载体。导体外部覆盖着不导电的塑料或橡胶,再外面是由导体构成的屏蔽层,它一方面隔绝外界的干扰,另一方面构成信号的地线(回路)。最外面一层外皮可以保护内部各层,使电缆经久耐用。音频电缆一般使用铜线作导体,因为它造价低,导电性好,比较柔韧。但是暴露在空气中的铜容易被氧化而变成不良导体氧化铜,影响电流的传导。

模拟音频电缆使用典型的几种接插形式,麦克风通常使用卡侬口(XLR)、线路连接使用大 3 芯(1/4 英寸)或莲花口(RCA),音箱电缆的接头经常是裸铜线,有时也用香蕉插头或其他插头。插头插座结合时,富有延展性的镀金层可以填充连接中的缝隙,保持最良好的连接。

2)数字音频电缆

在用于音频的电缆中,数字电缆和模拟电缆有完全不同的阻抗要求。模拟电缆因为长度不同,在电缆各点上,阻抗为 $30\Omega \sim 90\Omega$ 之间变化,阻抗波动并不会影响模拟音频的音质。而数字音频不同,数字音频信号是频率很高(大约 3MHz)的脉冲波,为了精确地传输信号,电缆必须与发送和接收设备匹配,整根电缆的阻抗必须保持一致。例如,AES/EBU 电缆必须从一端到另一端显示恒定的 110Ω 阻抗,这也是 AES/EBU 电缆要比外表差不多的麦克风电缆昂贵许多的原因。

如果用模拟电缆临时代替数字电缆,会由于阻抗不匹配,电缆中产生驻波反射,造成信号"污染",使脉冲波的轮廓模糊。"污染"同样来自电缆的分布电容,它能降低电缆的高频响应,影响脉冲的上升时间。脉冲波形高、低电压的转换定义出信号的 0 和 1,如果受到了不正确的阻抗和电容影响,脉冲信号被污染,接收端对信号的解读就会出现误差,出现时间上的前后偏移(叫做抖晃),从而降低了音频的质量,甚至会出现错码。

计算机音乐离不开音频电缆,它们没有麦克风、合成器、调音台、监听音箱等设备那样具有引人注目的外形。一般用户对设备比较注意,而对电缆比较马虎,接通就行了,不大注意选材和布线质量。如果所有设备的级别普遍较低,电缆的不足可能不明显,但如果系统中的设备都很高级,劣质电缆就会成为音质的"瓶颈",因此在高端视听系统中,对电缆的选择和投资是非常必要的。

3)音视频电缆的屏蔽要求

许多种类的干扰会影响电缆内音视频信号的传送,因此电缆需要有良好的屏蔽性能。如果有条件,现场施工的预埋管和线槽最好是金属材质,其次是要选择带有屏蔽层的线缆。线缆的屏蔽层一般是较薄的金属箔片或者是由多股细铜丝编织成网状做成得,不同的线缆屏蔽层的制作工艺不同,对于编制的屏蔽层,编制密度大小对线缆的屏蔽性能有很大的影响,在线缆选择时要尽量选择密度大的,理论上屏蔽层在 100 编(对屏蔽层编织密度的一种描述)以上的线缆就能够满足大多数工程的要求。建议音视频传输选择使用 75Ω 同轴电缆,网络数据传输选择超 5 类双绞屏蔽线,BNC 接头选用 75Ω(可焊接)或 50Ω(可用螺丝固定)两种。

4. 防盗报警系统中所用的线缆

前端探测器至报警控制器之间一般采用 RVV2 × 0.3 英寸(信号线)以及 RVV4 × 0.3 英寸(2 芯信号 + 2 芯电源)的线缆,而报警控制器与终端安保中心之间一般采用的也是 2 芯信号线,至于用屏蔽线或者双绞线还是普通护套线,就需要根据各种不同品牌产品的要求来定,线径的粗细则根据报警控制器与中心的距离和质量来定,但首先要确定安保中心的位置和每个报警控制器的距离,最远距离不能超过各种品牌规定的长度,否则就不符合总线的要求;在整个报警区域比较大,总线肯定不符合要求的条件下,可以将报警区分成若干区域,每个区域内确定分控中心的安装位置,确保该区域内总线符合要求,并确定总管理中心位置和分管理中心位置,确定分控中心到总管理中心的通信方式是采用 RS－232～RS－485 转换传输或者采用 RS232－TCP/IP 利用小区的综合布线系统传输还是分管理中心的管理软件采用 TCP/IP 网络转发给总管理中心。

报警控制器的电源一般采用本地取电而非控制室集中供电,线路较短,一般采用 RVV2×0.5 英寸以上规格即可,依据实际线路损耗配置。周界报警和其他公共区域报警设备的供电一般采用集中供电模式,线路较长,一般采用 RVV2×1.0 英寸以上规格,依据实际线路损耗配置。所有电源的接地需统一。

不同性质的报警(如周界报警、公共区域报警总线和住户报警总线分开)不宜用同一路总线,分线盒安装位置要易于操作,采用优质的分线接口处理总线与总线的连接,方便维修及调试;建议总线和其他线路分管走线,总线走弱电桥架需按弱电标准和其他线路保持距离,以免引起如可视对讲系统的非屏蔽非双绞的音频线路及其他高低频的干扰。

5. 楼宇对讲系统中所用的线缆

楼宇对讲系统所采用的线缆大都是 RVV、RVVP、SYV 等类线缆,用于传输语音、数据、视频图像,同时线缆要求还表现在语音传输的质量、数据传输的速率、视频图像传输的质量及速率,故在楼宇对讲系统当中,所采用的线缆质量要求还是比较高的。传输语音信号及报警信号的线缆主要采用 RVV4－8×1.0,而在视频传输上都是采用 SYV75－5 的线缆为主,当然也出现了一些用网线传输包括视频在内信号的新技术,无需视频线;有些系统因怕外界干扰或不能接地时,其在系统当中用线必须采用 RVVP 类线缆。随着小区智能化的不断完善,对于线缆的要求越来越高,其中所含的线缆有 5 类线、RVV 信号线、视频线等。

直接按键式楼宇可视对讲系统用线标准:各室内机的视频、双向声音及遥控开锁等接线端子都以总线方式与门口机并接,但各呼叫线则单独直接与门口机相连。因此,这种结构的多住户可视对讲系统所用线缆较多:视频同轴电缆 SYV75－5、SYV75－3 系列,传声器/扬声器/开锁线用一根 4 芯非屏蔽或屏蔽护套线(AVVR4、RVV4 或 RVVP4 等),电源线用一根 2 芯护套线(AVVR2、RVV2

等),呼叫线用 2 芯屏蔽线(RVVP2)。

数字编码按键式可视对讲系统一般应用在高层住宅楼多住户场合。根据不同厂家的设备系统配线标准不同,但一般来讲系统基本配线为:主干线包括视频同轴电缆(SYV75 - 5、SYV75 - 3 等)、电源线(AVVR2、RVV2 等)、音频/数据控制线(RVVP4 等);分户信号线(RVVP6 等)。

大多数安装楼宇可视对讲系统的住宅楼都设有管理中心机,并在小区围墙门口处装有小区围墙机,使住户、管理中心与访客实现技防所谓的三方通话。这样的联网型系统的配线就增加了单元门口机、小区门口机及管理中心机之间的联网线,一般包括有视频同轴电缆(SYV75 - 7、SYV75 - 5、SYV75 - 3 等)传输视频信号,4 芯屏蔽线(RVVP4 - 0.5 等)传输音频、控制信号。

6. 线缆选型

1)同轴电缆

(1)应根据图像信号采用基带传输还是射频传输,确定选用射频电缆还是视频电缆。

(2)所选用电缆的防护层应适合电缆敷设方式以及使用环境(如环境气候、存在有害物质、干扰源等)。

(3)室外线路,宜选用外导体内径为 9mm 的同轴电缆,采用聚乙烯外套。

(4)室内距离布线超过 500m 时,宜选用外导体内径为 7mm 的同轴电缆,且采用防火的聚氯乙烯外套。

(5)终端机房设备间的连接线,距离较短时,宜选用的外导体内径为 3mm 或 5mm,且具有密编铜网外导体的同轴电缆。

2)其他线缆选择

(1)通信总线 RVVP2 ×1.5mm²。

(2)摄像机电源 RVS2 ×0.5。

(3)云台电源 RVS5 ×0.5。

(4)镜头 RVS(4~6)×0.5。

(5)灯光控制 RVS2 ×1.0。

(6)探头电源 RVS2 ×1.0。

(7)报警信号输入 RV2 ×0.5。

(8)解码器电源 RVS2 ×0.5。

3）电缆辐射要求

（1）电缆的弯曲半径应大于电缆直径的 15 倍。

（2）电源线宜与信号线、控制线分开敷设。

（3）室外设备连接电缆时，宜从设备的下部进线。

（4）电缆长度应逐盘核对，并根据设计图上各段线路的长度来选配电缆。

应避免电缆的接续，当电缆接续时，应采用专用接插设备。

有关线缆规范的详细内容见第 6 章的综合布线技术。

第5章

智能会议系统

一个现代化的会议系统一般由网络子系统、大屏幕显示子系统、音响子系统、监控子系统、会议发言子系统、灯光效果子系统和中央控制子系统等组成，本书在大屏幕显示方面重点介绍了多通道投影和虚拟现实的建设。智能会议系统自然少不了智能控制，中央控制系统是整个会议系统实现智能一体化的核心。作为会议功能和环境控制的重要组成部分，会议发言表决、灯光、音响作为子系统也是不可或缺的。本章就对智能会议系统中的其他若干主要的子系统进行介绍。

5.1 中央控制系统

随着社会的不断发展，信息交流和沟通也就变得越来越频繁，越来越重要。各种视听设备、投影设备，会议系统等开始进入各行各业。现在的会议室、电化教学室等，已经不是以前的一张讲台、一把椅子、一个话筒了，取而代之的是各种先进的多媒体会议及教学设备。如：投影机、影碟机、录像机、视频展示台、多媒体计算机、电动屏幕等，一些大型会议室还配备了同声传译系统、电子表决系统、大屏幕投影、多画面切换系统等。多种设备的使用必定带来烦杂的设备操作。如要打开和关闭多种设备电源，要调节环境灯光，要切换各种音视频信号，要不断变化投影画面等。在这种情况下，一种能够集中管理这些设备，并能同时控制会议室、教室各种强弱电设备的"中央控制系统"便充分发挥了它的效能。

5.1.1 中央控制系统概述

中央控制系统是指对声、光、电等多种输入输出设备进行集中控制的设备,简称中控。中央控制系统可以是一台带有多控制接口(如串口)的计算机,也可以是一系列控制器件的组合,它应用于多媒体教室、多功能会议厅、指挥控制中心、智能化家庭等,用户可用按钮式控制面板、计算机显示器、触摸屏和无线遥控等设备,通过计算机和中央控制系统软件控制投影机、展示台、影碟机、录像机、功放、话筒、计算机、笔记本、电动屏幕、电动窗帘、灯光等设备。

有了中央控制系统,用户就可以通过其强大的控制功能协同控制计算机信号、投影机,摄像头、各种多媒体播放器等视听设备,并集中控制电动窗帘、灯光、幕布等各种电气设备。当把几个独立的中央控制系统相互连接起来,就可构成网络化的中央控制系统,可实现资源共享、影音互传和网络监控。大屏幕投影可以为用户营造出一个高清晰的现实环境,其多信号源的并行展示方式控制和多窗口的联动控制都需要中央控制系统的支持,加上灯光和音响的自动控制,一个现代化的多媒体视听环境就初具雏形了。不同的会议环境需要根据用户的需求和工作习惯进行设计,控制系统的规模和相关子系统的选择也会因项目而异。

1. 中央控制系统的构成

从设备分工的角度看,一个系统中央控制系统一般由 4 个主要部分组成:

(1)人机交互界面。

(2)中央控制主机。

(3)各类控制接口。

(4)二级控制设备。

人机交互界面是用户与系统打交道的平台,它反映了用户的需求,涵盖了系统的所有功能,以用户能够理解的界面组织成一个系统。用户通过操作交互界面即可控制环境灯光,调节音响系统,控制各个设备正常工作。人机交互界面是一套可视化程序,用户通过输入设备(如鼠标、触摸屏幕)等进行相关的操作。人机交互界面的物理设备一般为计算机的显示器,独立的无线/有线彩色触摸屏以及多种形式的按键与显示屏的组合等。

　　中央控制主机包含了一些基本的接口,与人机交互界面关系紧密,用户对人机交互界面的操作转变为主机可以识别的指令,按照操作所包含的时序和逻辑分发给各个接口,进而进行设备的直接控制和二级设备的控制。中央控制主机可以是一台计算机,也可以是一台嵌入式处理设备,差别在于计算机往往包含了人机交互界面,控制程序运行于操作系统之上,接口较少,多数情况下需要扩展,而嵌入式处理设备专门针对多种接口设备的控制而设计,一般与人机交互界面分离,整个系统的程序为环境定制,接口多,功能强大,随着业界相关硬件的发展,此类主机产品越来越多地应用在了工程当中。

　　主机的控制接口一般有串口(RS – 232/422/485),红外控制口,输入输出口等,有些是标准化的接口,有些是厂商自定义的接口,是为了同品牌的二级控制设备而设计的。标准的嵌入式中控主机根据不同的规格带有的接口类型和数量也有差别,有时由于环境设备较多,控制网络相对复杂,标准的控制主机接口数量不能满足要求,就需要扩展的外界接口设备,如计算机作为主控设备时常常接到多串口卡,这些外界扩展设备大大提高了控制主机的控制数量,而程序设计复杂度并不会有很大变化。可以作为扩展接口的设备兼容性和通用性都是很强的,有了这些扩展接口的存在,中央控制系统就能够满足各种各样设备的控制需求。

　　所谓二级控制设备,是指具有控制其他设备能力而又受控于中央控制主机的设备,如电源控制往往需要一个强电继电器设备,这种设备最终控制了电路,而各路的开关变化的指令来自于中央控制主机的统一分发。从这个角度上讲,中央控制主机是整个系统的核心,属于一级控制设备,从中央控制主机开始,所有的二级控制设备和终端受控设备形成一个功能强大,分工合理的一个各个组件相对独立而又协调统一的整体。

　　从功能上,整个中央控制系统具体又可分为以下几个模块:

　　(1)音视频通道切换模块。

　　(2)红外学习及发射模块。

　　(3)电源管理模块。

　　(4)音量处理模块。

　　(5)响应接收及处理模块。

　　中央控制系统除完成各项管理和智能化联动控制功能,主要是通过编程处理,良好的控制逻辑设计是各个模块协调工作的关键,各类接口的灵活配置和二级控制设备的选择及组合是系统能够充分发挥其强大功能的保证,最后,人机界面对用户来讲是系统中最直接接触的要素,美观和人性化的系统界面和功能设计可以使用户快速掌握系统的使用。

中央控制系统的核心是中控主机,有线或无线触摸屏(人机交互界面),其他控制设备作为二级控制设备通过有线或者无线方式与中控主机连接起来。触摸屏是用户与整个系统打交道的媒介,在理想的设计状态下,所有的设备控制应该都能够反映到触摸屏上,不仅仅是独立设备的控制,更多的是多设备的联动。如图 5 - 1 所示,用户使用触摸屏就可以控制整个系统的运行。

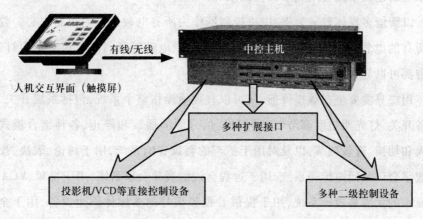

图 5 - 1 中央控制系统建设示意图

由于触摸屏设计界面上的所有功能按钮都具有自己独有的 ID 属性,当用户点击触摸屏上的功能按钮时,触摸屏就会发送给中控主机一个消息,消息包含了按钮的属性。中控主机内嵌式程序在设计时与触摸屏是对应的,因此,当其获得触摸屏的 ID 号时,就会在内部寻找此 ID 对应的指令或指令组合。中控主机的指令一般包含了指令类型、执行的时间以及执行的端口。这样,用户点击触摸屏的"做什么"的操作就通过指令或指令组合的执行变成了中控主机的"怎么做"的实现。这种控制系统良好地实现了人机交互界面与设备控制的分离,也大大的降低了系统的使用门槛。

2. 中央控制系统的特点

中央控制系统功能强大,具有串口、红外控制、电路控制、信号切换、外界信号感应处理等多种功能,能够为多种用户提供个性化的界面设计,控制智能化,操作简便,配以各种面板操作,灵活而多样,让用户对整个环境的控制随心所欲。

中央控制系统作为一个系统,它具有集成度高,设备控制方式齐全,操作界面清晰,系统扩展功能强,可靠性高等特点。其高性能、高集成度、全数字化控制方式是现代化会议室建设的必然选择。

5.1.2 中央控制系统的应用

中央控制系统广泛应用在多媒体报告厅,监控及指挥中心,新闻发布室以及电子化教学环境中。随着智能一体化控制的概念深入人心,智能会议室,智能家居的建设中都会用到中央控制系统。

以智能多媒体教室为例,中央控制器作为所有电教设备的控制中心。教室内所有的电教设备如录像机、影碟机、投影机、电动屏幕、音响,还有室内灯光、窗帘都可以与中央控制器相连,受其控制。

用户只需要坐在触摸屏前,便可以直观地操作整个系统,包括系统开关、各设备开关、灯光明暗度调节、信号切换、信号源的播放和停止、各种组合模式的进入和切换、音量调节,以及对用于扩声的会议音响系统,用于讨论、表决、投票的数字会议及同声传译系统,用于远程会议的视频会议系统,用于视频、VGA 信号显示的大屏幕投影系统,用于提供音视频信号的多媒体周边设备,用于全局环境设施、系统设备控制等系统的全自动综合控制等。

触摸屏终端界面实例如图 5 – 2 ~ 图 5 – 5 所示。

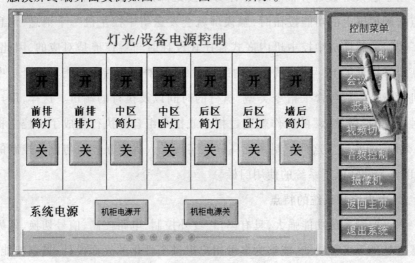

图 5 – 2　环境控制界面实例

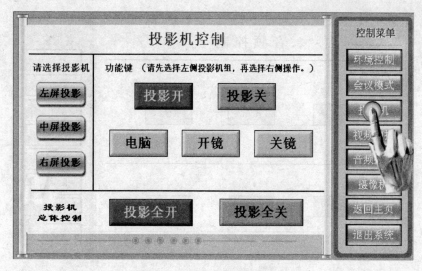

图 5-3　投影机控制界面实例

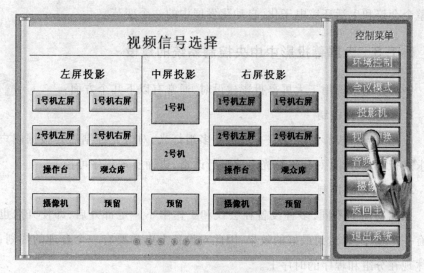

图 5-4　信号源控制界面实例

　　中央控制系统的使用可以大大简化控制的复杂度,从而结束用户面对开关遍布,遥控众多的工作环境的烦恼。上述触摸屏界面所具有的功能涉及的设备数量超过 20 台,如果用户要是在没有中央控制系统的条件下实现这些功能,就需要对各个设备分别进行控制操作,其复杂度可想而知。通过触摸屏设计可以定制用户功能模式,能够方便地实现一系列操作的顺次进行,进行使用环境的快速打造,设备还能够根据系统内某设备状态的变化实现自动控制,从而实现真正的智能化。所以,中央控制系统的引入不仅仅是所有控制终端的集中,更

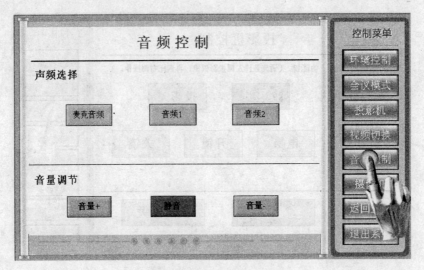

图 5 - 5　音频控制界面实例

是整个会议和生活环境电子化、自动化发展中的一个变革。

5.1.3　大屏幕投影中中央控制系统的建设

中央控制系统用于大屏幕投影建设时,通常有以下几个方面:

1. 环境灯光控制

应用大屏幕投影的会议室一般都有多组灯光,对灯光控制需要根据用户的需求进行合理分组,对分组灯光电路进行改造,进而实现程序可控。

2. 设备电源控制

根据功能的不同,多种设备在会议和工作中不一定都开启,即使开启也应该有一个顺序,以达到最好的效果,因此对设备上电需要有一个合理的规划,最终体现在分组和程序的时序上。

3. 投影机电源和若干调整控制

投影机是大屏幕投影的必备元素,在用户使用系统时投影机应该适时地开启,一般投影机开启都需要一定的预热时间,因此可以把投影机上电时序设计得靠前一些,这样其他设备开启后,图像就可以同时展现在大屏幕上。

另外,有时候投影机多个输入接口都有信号,在需要时用户应该能够控制输入信道的选择,还有某些必要的投影机参数,应该都设计到控制功能中,这样在进行投影机常规操作时,用户不需要再去寻找遥控器,通过人机交互界面就可以满足要求。

4. 总体音量控制

会议室,报告厅等环境都需要音响系统,以满足数字会议发言和多媒体播放的需求,传统的旋钮调节应该在智能控制系统中尽量避免,环境的音量控制要反映在功能设计中,用户可以通过中央控制系统实现音量的总体调节和快速重置。

5. 投影画面模式控制和多信号切换选择

在信号源众多的协同工作环境中,多窗口多画面的展示方式是一种必然,各个窗口还可能需要进行频繁的信号切换,多画面相对独立,而又协同一致,这种功能的实现就需要中央控制系统进行统一的窗口模式和信号通道切换的管理,用户通过控制终端可以一键实现工作画面的变化。

6. 多媒体播放器控制

专业会议也少不了影音功能,大视野高清显示和专业音响还可以使大屏幕环境变身为强大的影音环境,在领导视察、企业年会、典礼的场合各种多媒体播放设备也会派上用场,作为整个系统的一个扩展和附加值,根据用户需求选择的多媒体播放器的播放应该体现在中央控制系统中。

7. 摄像头控制

在视频会议中,摄像头是必不可少的,在智能化环境中,摄像头应该成为受控设备之一,其姿态、焦距决定了摄像的位置,一个设计合理的智能化系统应该让用户摆脱摄像头遥控器的束缚。另外,成熟的摄像自动跟踪技术也是中央控制系统的一个重要功能。

8. 投影幕和电动窗帘控制(如果需要的话)

对于多通道的大屏幕投影,投影幕大多是定制的,也不需要控制,因为多通道的融合拼接要求屏幕和投影机的位置精度很高。在一些小型的环境,用户可能会选择一些电动屏幕,尺寸较小,单通道投影就能够满足要求。电动窗帘与电动幕控制方式一致,都是通过中央控制系统对电动幕或电动窗帘上的电机进行接管实现的。为了减少用户的操作,可以设计屏幕和窗帘在系统开始使用和使用完毕后进行自动升降,加上分组灯光的亮度明暗的自动配合,从而实现环境根据应用而变化的自动控制一体化。

在接口方面,以串口、红外控制的使用居多,根据用户不同需求,系统所使用的设备也有差别,凡是能够通过串口或红外学习进行控制的设备都可以通过程序设计将其控制实现在中央控制系统上,以减少用户直接与单个设备打交道的概率,通过人性化的触摸屏界面设计和功能定制,使用户经过简单的培训就能够方便地使用触摸屏来实现想要的系统操作。

5.2 扩声系统

在会议室建设中,视觉效果是最主要的,用户对高清影音的关注也大多停留在影上,对音频的重视不足。但是作为视听工程的设计者,如果仅仅强调图像显示质量,而忽视了扩声系统的设计、安装及使用等,就会使多媒体的听觉部分大打折扣,从而影响整个视听环境的使用效果。因此,扩声系统的设计在整个工程中也是至关重要的。

5.2.1 扩声系统的构成

从音乐厅、剧院到会议室,无论是在室内,还是在室外应用中,扩声系统都是专业音响系统中一个不可缺少的组成部分。扩声系统将声源通过增强传输,实时传送到听众耳中。扩声系统基本由传声器、调音台、功率放大器、扬声器以及周边设备5部分构成。

传声器俗称话筒,可分电动和静电两类,目前广播、电视和娱乐等方面使用的传声器,绝大多数是动圈式和电容式。静电传声器是以电场变化为原理的传声器,常见的有电容式和压电式两种。电动传声器是用电磁感应为原理,以在磁场中运动的导体上获得输出电压的传声器,常见的有动圈式和带式两种。按照与音响系统的连接方式来分类,主要有分为有线和无线两类。各种话筒会议单元及其相关设备的拓扑设计就构成了会议发言系统,因此从某种意义上来讲,会议发言系统和扩声系统是相辅相成,密不可分的。

调音台是音频节目信号的调控中心,可以输入多个传声器、各种声源设备,由调音台统一调配,各路信号可以进行增益调节、相位调正、简单频率均衡、然后进行编组、合成输出。通常来讲,数字式调音台指标要比模拟调音台高,输入等效噪声电平和输入动态指标较优,可以将调音状态存储下来,但也有着自身的一些缺陷,模拟调音台与数字调音台的发展问题,就像液晶和等离子的竞争一样,数字调音台最终能否取代模拟调音台,还有待于时间的检验。

新一代的功率放大器有 3 个输入接口:模拟输入、数字(AES/EBU)输入和网络接口。扬声器的分配布置是扩声系统设计的关键。主要分为有源扬声器、线阵扬声器系统等。

5.2.2 扩声系统的分类

广义的扩声音响系统包含扩声系统和放声系统两大类:

(1)扩声系统:扬声器与话筒处于同一声场内,存在声反馈和房间共振引起啸叫、失真和振荡现象。要保证系统稳定和正常运行,最高可用的系统增益比发生声反馈自激的临界增益低于 6dB。

(2)放声系统:系统中只有磁带机、光盘机等声源,没有话筒,不存在声反馈可能,声反馈系数为 0,是扩声系统一个特例。

扩声音响系统按用途可分为以下几类:

1. 室外扩声系统

室外扩声系统主要用于体育场、车站、公园、艺术广场、音乐喷泉等。它的特点是服务区域面积大、空间宽广、背景噪声大;声音传播以直达声为主;要求的声压级高,如果周围有高楼大厦等声反射物体,扬声器布局又不尽合理,声波经多次反射而形成超过 50ms 以上的延迟,会引起双重声或多重声,严重时会出现回声等问题,影响声音的清晰度和声像定位。室外系统的音响效果还受气候条件、风向和环境干扰等影响。

2. 室内扩声系统

室内扩声系统是应用最广泛的系统,包括各类影剧院、体育馆、歌舞厅等。它的专业性很强,既能非语言扩声、又能供各类文艺演出使用,对音质的要求很高。系统设计不仅要考虑电声技术问题,还要涉及建筑声学问题。房间的体形等因素对音质有较大影响。

3. 流动演出系统

扩声系统除了固定安装系统外还有流动系统。常用于各种大型场地(如体育场馆、艺术广播和大型宴会厅等)非文艺演出用临时安装的系统称流动演出系统。流动演出的音响设备必须结构紧凑,便于携带、运输和安装,可靠性高并能适应各种苛刻的使用环境。大型流动系统的投资大,通常向专业音响公司租赁使用。

4. 公共广播系统

公共广播系统为宾馆、商厦、港口、机场、地铁、学校提供背景音乐和广播节目。近几年来,公共广播系统还兼做紧急广播,可与消防报警系统联动。公共广播系统的控制功能较多,如选区广播和全呼广播功能、强制切换功能和优先广播权功能等。扬声器负载多而分散,传输线路长。为减少传输线路损耗,一般都采用 70V 或 100V 定电压高阻抗输送。声压级要求不大高,音质以中音和中高音为主。

5. 会议系统

随着国内、国际交流的增多,近年来电话会议、电视电话会议和数字会议系统(DCN)发展很快。会议系统广泛用于会议中心、宾馆、集团和政府机关。

一个现代化的会议系统包括会议讨论系统、表决系统、同声传译系统和电视电话会议系统。要求音视频(图像)系统同步,全部采用计算机控制和储存会议资料。

5.2.3 扩声系统设计思路及方法

现在的音响系统已不是简单堆放音箱和设备配接,而是一个集声学(声场)和电子学(电声设备配接)为一体的"声音闭环系统",两者互相配合,才能设计出比较好的听声环境。所以,厅堂扩声的声学设计应包括"建声和电声"两方面的内容。前者主要是控制混响时间和音质缺陷;后者则要确保观众厅有足够的声压级、均匀的声场分布,以及在不同的使用功能时所要求的声学效果,两者是相辅相成的,只有相互密切配合,才有可能用最低的投资而获得良好的音乐效果。

根据国家行业标准 GYJ 25—86《厅堂扩声系统声学特性指标》中有关建筑声学的要求以及本厅堂的实际情况,主要目的是对观众厅声学缺陷处理和混响时间控制提出合理化的建议,建议内容如下:

现代会议室作为一个多功能的活动场所,是常用于进行各种会议、报告,歌舞、戏剧等需要表现语言和音乐的扩声场所,因此,对声学的要求也是以声音表现为出发点,既要保证语言信号的清晰度又要保证音乐有一定的丰满度,声压级也要达到国家相关的语言和音乐扩声一级标准。要保证语言和音乐信号的这些表现特性,必须从建筑声学和扩声系统(电声)两个方面控制,建筑声学必须控制好房间的混响时间并消除房间的声学缺陷,为扩声系统提供良好的听声环境,如观众厅内各处要求有合适的响度、均匀度、清晰度和丰满度,在厅内不得出现回声、颤动回声和声聚集等。

所以音响系统设计的根本问题是声学问题,不是简单的设备选型与组套,厅堂最终的音质效果是电声与建声综合设计效果的体现,扩声系统设计首先要研究指定空间的声场,这一点非常重要。只有对要设计的场所的声场有比较深入的了解,并进行仔细的研究之后,才能更为合理的选择音响的功率和数量,并获得最佳的音响效果。

在专用礼堂等更为专业的扩声系统建设中,需要有专门的设计人员根据土建图纸,对所有场所的建声进行了仔细分析,将建筑声学的有关特性与电声作为"一体"进行综合设计考虑,采用计算机辅助设计对声场进行声学设计。事先在计算机上建立了与厅堂建筑实体相同的立体模型,并对房间内建筑数据:建筑体型形状(关系到声学缺陷的产生、反射声的分布),房间容积(确定房间常数、混响时间),室内墙面、顶棚、地板、座椅等材料吸声系数,座位数量及其排列,近次反射声(早期反射声)的分布等情况有了充分的了解后,充分考虑到直达声和混响声的扩散与叠加及声学比、混响半径等声学指标,并以此为基础对扩声系统进行声场设计。因为只有对声场深入仔细了解后,才能给出准确的电声设计指标,获得最佳的音质效果。在用于专业影院用途的场所建设中,建筑设计更是需要需要有针对性,建筑声学指标要求(声学装修要求):

(1)背景噪声:小于或等于 NR35。

(2)隔声、隔振措施:厅内一般有良好的隔声隔振措施,隔声隔振指标按 GB 3096—82《城市区域环境噪声标准》居民文教区执行即:昼间 50dBA,夜间 40dBA。

(3)建筑声学指标:

① 共振、回声、颤动回声、房间驻波、声聚焦、声扩散:各厅内建筑门窗、吊顶、玻璃、座椅、装饰物等设施不得有共振现象;厅内不得出现回声、颤动回声、房间驻波和声聚焦等缺陷,声场扩散一般均匀。

② 混响时间:混响时间是声学装修中要控制的首要指标,是进行声学装修的精华所在,厅堂音质是否优美,这项指标起决定因素,也是唯一可以用科学仪器加以测量的厅堂声学参数。

在高级别会议系统中,优秀的音质是关键,尤其是在大型会议系统设计时,筹建企业的领导班子会对会议系统投入很高的热情与关注。因为会议系统是整个工程项目的"点睛之作",在某种程度上是企业在领域内的样板工程。

5.2.4 多媒体会议室的扩声要求

作为智能多媒体视听环境,根据用户的需求不同,可以作为会议、学科研究、教育培训、典礼、多媒体汇报决策等功能所在地,需要充分考虑了今后系统的使用方式及功能后,进行扩声系统的设计,一般以会议发言为主要音频表现形式的场所,扩声系统需要侧重语言清晰度、传声增益,多媒体功能的展示也是不可缺少的,因此同时要兼顾音乐播放的音质,以及方便的操作性和灵活的功能转换等方面。此外,还要充分保证系统的兼容性、可靠性及扩展性。

现代化的视听会议室从使用角度考虑,应该设计以音频会议为主体的控制中心,通过中央智能控制系统进行分离控制,会议发言和多媒体音乐播放相对独立,既能够满足用于群体会议的自动发言,又能够作为典礼等场合的背景音乐,能够满足主要的视频播放时音效展现的需求。

随着科技的进步和技术的发展,特别是数字技术在音频领域中得以应用,使得声信号的记录、传输和重放的音质有了很大的改善。但是,音质的好坏不仅与设备有关,还与声学环境和人耳的听觉特性有关。在同样设备的条件下后者显得更为重要。

多媒体会议音响以自然声为主,要求扩散性良好,声场分布均匀,响度合适,自然度好等要求。因此多媒体会议系统中可以利用扩声系统提高声源在听众席的声压级和清晰度的扩声,通过电声设计去控制和改善多媒体会议室的音质,达到会议扩声系统的目的:提高响度和声场分布的均匀度,改善会议室的音质和提高音响效果。多媒体会议系统除了必须满足会议扩声系统达到良好的音质的要求以外,还必须满足整个音响系统声学指标设计的基本要求。

1. 要求有低的背景噪声环境

用作扩声的会议室、厅堂必须要有低的背景噪声。噪声不仅可能来源于室外,而且也有可能来源于室内,如空调、通风设备、光设备运动时产生的噪声等。噪声过高会造成电扩声系统的清晰度、可懂度下降,难以使音响系统达到希望的音质,而提高设备输出功率以提高输出声压级时又可能导致声反馈而使系统无法稳定工作。应该采取措施尽可能地降低听声环境的噪声。

2. 保证均匀合理的声压级

要求室内的声压级按照不同类型的扩声达到一定的值。这就要求电扩声系统应具备足够的输出功率和声增益,室内声场应均匀扩散,近次反射声应得到充分、合理的利用,音箱的辐射特性和摆放位置要合理选定。

3. 保证声音的清晰度

扩声系统应保证声音的清晰度和语言的可懂度,这一要求对语言扩声的场合尤为重要,一般认为允许的最大辅音清晰度损失率不可超过15%。

除了扩声系统,前端的各级音响处理是必不可少的,音频信号处理主要包括对音频信号的增益及衰减、电平调整、均衡处理和混响处理。这个过程中可能会要用到均衡器、激励器、反馈抑制器、压限器、混响器等多种设备,这些都要根据用户对音频方面的需求进行选择。

5.3 会议发言系统

会议室,报告厅等场所多用于科研、决策、培训、典礼等场合,因此一个功能强大的会议发言系统是很重要的。

会议系统是整个会议智能化系统的重要组成部分。会议系统能为与会者迅速、准确、直观地提供、发布和传输各种信息,提高领导决策的准确性和科学性,提高会议和工作的效率。数字会议系统应采用当今先进的技术和成熟的产品,系统具有扩展升级的能力,系统及设备运行可靠、功能先进、使用方便、性能优良。

常见的数字会议系统是由能够不断扩展的有线手拉手发言单元构成的:当会议发言者众多,每个人发言需要很方便,同时又便于会议管理,就需要使用手拉手会议讨论发言系统。在此系统中,所有话筒之间都用专用线串联起来,最后到会议主机,像手拉手,故此得名。会议主机控制了发言模式、滤波模式、音量调节,还具有与控制主机的通信接口,以便方便的实现发言单元和摄像头等设备的协同控制。如摄像头自动跟踪功能就是通过会议主机对发言单元的数字 ID 的识别,通知控制主机,控制主机再调用该发言单元对应的摄像头的预制位来实现的。讨论型会议系统设计的思想为简单、实用,参会者每人 1 个话筒。

主席单元和代表单元都可以参加会议讨论,主席单元具有优先权,并可以控制会议的进程,进行相应的管理。会议话筒的选择主要考虑产品的频率响应、灵敏度和可靠性。这样才能保证高质量的数字会议的顺利进行和声音的完美再现。在小型会议室中,发言人经常只有不到 10 个人,这时无线话筒也是一个选择。一个好的无线话筒发言系统能够在会议室改造项目中减少线路铺设的同时提供很好的音质,但由于规模上受到一定的限制,所以在大多数情况下,专业数字会议中都是手拉手数字话筒单元和会议控制主机的组合,在会议系统的建设中,调音台,反馈抑制器等音频处理设备是必不可少的。在经常用于讲演或报告的环境中,可以配备几个手持型无线话筒和领夹式无线话筒用于主席台或演讲者发言使用,对有线数字会议系统是一个有益的补充。

5.4 会议室灯光设计

5.4.1 光与光照

光可分为可见光和不可见光。可见光即人眼可以看到的光线,不可见光是客观存在但人眼不能观察到的光线。不同的光线有着其独特的性质,决定其独特性的是它们所包含的光谱成分。

可见光,是能引起人视觉的电磁波,占据电磁波光谱中的一小段。电磁波的波长范围很宽,按照长度从短到长依次排列为 γ 射线、X 射线、紫外线、可见光线、红外线、无线电波。人眼能看到的可见光的波长范围是 380nm ~ 760nm,如图 5 - 6 所示。

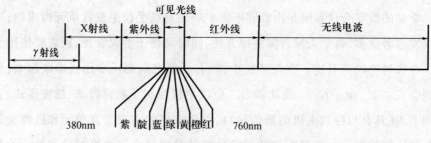

图 5 - 6 电磁波光谱

人眼所能看到的这个可见光谱是一个整体,即白光。但白光不是单色的,而是由各种颜色的光混合成的,分别为红、橙、黄、绿、蓝、靛、紫。

光本质上是能量的一种形态,这种能量从一个物体传到另一个物体,在传播过程中无需任何物质作为媒介。这种能量传递方式称为辐射,其特征是能量从能源出发向四面八方传播。光在传播过程中会穿过不同的介质,辐射到不同的物体上,在这个过程中会产生反射,折射,散射甚至偏振。物体在不同的光照下呈现的颜色也呈现了差异,从而影响到人眼的视觉和摄像的图像效果。

5.4.2 摄像光照需求

一个现代化的会议室往往是企业中多个群体和多种活动进行的主要场所,可能会经常涉及本地和远程视频会议,在很多场合也会有用于企业宣传或会议现场的实况记录,从应用角度来看,可以称作多媒体视频会议室。因此会议的摄像是经常会用到的。

为了保证较好的录制图像的色彩再现,专业会议室照明用的光源应该不同于日常生活照明用光源,要求光源色温必须均匀稳定,显色好,而且在调光改变工作电压时,光源的上述特性也能够稳定。在发光强度方面要求发光亮度高且光通量稳定,效率高,热损耗低,光源电路尽量简单,能够瞬间重新点亮。

灯光照明在实际应用中,由于人们对现代照明技术认识的偏差和不足,以至很多装饰十分豪华的会议厅、多功能厅或多媒体教室用于普通照明场合还能满足要求,但用于现场摄影录像或拍照往往不能达到理想效果。

主要表现有以下情况:整体画面偏蓝或偏红;面部晦暗、泛白;人物不清晰、背景偏亮,景深不够。

在视频会议室、演播室等常进行摄像录制的环境中,灯光设计对是否能获得满意的视觉效果起到了很关键的作用。设计良好的会议室灯光系统除了可提供参加会议人员舒适的开会环境外,在远程视频会议中更可以使远程现场的人员感受到较好的临场感,提高视频会议的效果。视频会议与普通会议不同,因为使用摄像装置,会议室的灯光、色彩、背景等对视频图像的质量影响非常大。还有一些视听环境用于高清新闻演播等场合,对灯光系统提出了更高的要求:取景的画面更宽,要求布光范围更大,同时,高清摄像要求光线均匀、柔和,聚光灯,三基色柔光灯等不同类型灯光的合理布局变得尤为重要。

5.4.3 会议室设计中的灯光要求

下面简单介绍一下视频会议室在设计时有关灯光的原则性要求:

1. 会议室灯光设计与光线要求

1）照度

灯光照度是视频会议室的一个基本的必要条件,由于电视会议召开时间具有随机性,故室内应用人工冷光源,避免自然光。会议室的门窗需用深色窗帘遮挡。光源对人眼视觉无不良影响。选择三基色灯(色温 3000K～3500K)较为适宜。照度要求规定如下:

（1）为了确保正确的图像色调及摄像机的自平衡,规定照射在与会者脸部的光是均匀的,照度应不低于 500lx。监视器、投影电视附近的照度为 50lx～80lx,应避免直射光。

（2）灯光的方向比灯光的强度更为重要,为灯光安装漫射透镜,可以使光照充分漫射,使与会者脸上有均匀光照。

2）安装位置要求

三基色灯一般安装在会议室天花板上,要在天花板上安装 L 形框架,灯管安装在 L 形框架拐角处,使灯光不直接照射到物体及与会者,而依靠天花板对灯光的反射、散射照亮会议室。

除了上述两点,为了达到更好效果,还需要注意一下几点:

（1）避免阳光直射到物体、背景及镜头上,这会导致刺眼的强对比情况。

（2）光线弱时建议采用辅助灯光,但要避免直射。

（3）使用辅助灯光,建议使用日光型灯光。禁止使用彩灯,避免使用频闪光源。

（4）避免从顶部或窗外来的顶光、侧光直接照射,此种照射会直接导致阴影。

（5）建议使用间接光源或从平整的墙体反射的较为柔和的光线。

2. 会议室的布局对灯光与光线的影响

布局原则:保证摄像效果以达到再现清晰图像的目的。

布局要求:

（1）为了防止颜色对人物摄像产生的"夺光"及"反光"效应,背景墙应进行单独设计,最好采用均匀的浅颜色,通常多采用米色或灰色,不宜使用画幅,禁止使用强烈对比的混乱色彩,以方便摄像机镜头光圈设置。

（2）房间的其他三面墙壁、地板、天花板等均应与背景墙的颜色相匹配,忌用黑或鲜艳色彩的饱和色,通常采用浅蓝色、浅灰色等。每面墙都不适宜用复杂的图案或挂复杂的画幅,以免摄像机移动或变焦时图像产生模糊现象,同时增加编码开销。最好将窗户密封或者安装茶色玻璃,也可以挂厚布窗帘以防止阳光直射设备。

(3)摄像机镜头不应对准门口,若把门口作为背景,人员进出将使摄像镜头对摄像目标背后光源曝光。同理,摄像机应该尽量避开光线对比度强的区域。

(4)会议桌:会议桌布置采用排式较好。同时,为减少面部阴影,会议桌建议采用浅色桌面或桌布。

在大屏幕投影等视听会议室中,大屏幕投影墙往往在摄像时充当背景的角色,如果屏幕前方用散射的柔光灯做面光照明,散射光线必然会对屏幕图像产生负面的影响,使得屏幕图像模糊,色彩的饱和度下降,严重影响整个画面的质量。因此除了在投影机和投影幕的选择上要注意投影机亮度、对比度要与投影幕的增益相配合,以达到最佳的抗环境光干扰能力,能够同时满足视觉和摄像的要求外,投影幕前方的灯光设计也起到了至关重要的作用,一般可以选择三基色柔光灯组,并注意灯组和屏幕的距离和投射角度,在摄像时有选择的进行灯组的开启和明暗控制。在智能灯光控制的设计中,关键是合理分组,合理的设计灯光场景,通过中央控制系统让使用者能够方便的进行一个个灯光场景的重现。

5.5 会议系统供电要求

多媒体会议室项目是结合了编解码、摄影、灯光、音响、网络、弱电、强电等技术于一身的综合性高科技技术项目,需要基础设施的有力保障,即使选用了高端的音视频会议和控制设备,如果没有一个稳定的运行环境,也是无法实现好的使用效果的。

为了保证会议室供电系统的安全可靠,以减少经电源途径带来的电气串扰,应采用3套供电系统。第1套供电系统作为会议室照明用电;第2套供电系统作为整个终端设备、控制室设备的供电、并采用不中断电源系统(UPS);第3套供电系统用于空调的设备的供电。

接地是电源系统中比较重要的问题。控制室或机房、会议室所需的地线，宜在控制室或机房设置的接地汇流排上引接。如果是单独设置接地体，接地电阻不应大于4Ω；设置单独接地体有困难时，也可与其他接地系统合用接地体，接地电阻不应大于0.3Ω。

5.5.1 UPS电源

在有条件的企业，工程商要尽量建议用户对重要设备使用足够功率的UPS电源。突然断电的情况对于像投影机等需要预热和散热的设备是很危险的。尤其是长时间工作后，如果不能正常地散热关机，会导致投影机灯泡寿命减少，频繁的跳电也会导致重要设备的电源故障，即使很多设备都有电源冗余的存在，如果没有UPS电源的支持，在某种程度上会导致系统后期维护成本的升高。

1. UPS电源的组成

随着科技的发展和社会的进步UPS电源在日常生活中，特别是在电力部门中的应用已经非常普及。UPS电源不同于一般的稳压电源或电源调节器，它是专为保障计算机及其外设正常工作的保护性电源。一般UPS电源是由充电器、逆变器、静态开关、蓄电池、控制器组成。

2. UPS电源的种类

UPS的分类方法有很多种，目前常用的分类方法有3种，根据UPS电源的结构和工作原理可分为在线式和后备式，由于在线式UPS可以实现真正不间断供电，因此它也是电力系统的首选UPS电源；根据UPS电源的输出波形可将UPS电源分为正弦波输出UPS电源和非正弦波输出UPS电源（又叫方波输出电源），市电经电源逆变器滤波后其波形改为正弦波，成为高质量的电源，是计算机等精密设备的优选电源；根据UPS电源输出功率可分为大型UPS电源（大于80kVA）、中型UPS电源（5kVA～80kVA）、小型UPS电源（小于5kVA）。

3. 选用UPS电源应注意的问题

计算机机房的UPS电源一般选用大型、中型、在线式的UPS。这些UPS电源的价格比较昂贵，在选型上一定要认真细致，避免造成不必要的损失，因此选型时应注意以下几个问题：

（1）根据本单位机房计算机及相关设备的用电量，并考虑到将来设备的增加预留25%～30%的冗余，来选择UPS电源的输出功率；根据各地供电条件的不同,选择适应本地区公用电网电压波动范围内的 UPS 电源,一般 UPS 电源的输入电压在 380V ± 10% 范围。

（2）要对选用的 UPS 进行相应的动态、静态、过载和放电测试。

（3）了解 UPS 的网管功能,进行实地的远程的监测控制测试。

（4）根据机房所需的不间断供电时间,考虑密封电池的数量,对于后备时间长、需要电池较多的 UPS 电源,应考虑机房的单位面积承重量。

4. UPS 电源的使用管理

UPS 电源是计算机正常工作的保障电源,要保证计算机高质量的电能,就必须对 UPS 电源进行可靠的维护和管理。

（1）UPS 的运行环境:UPS 电源对温、湿度的要求比较高,一般温度控制在 5℃ ~22℃,相对湿度在 50 ± 10% 的范围。同时,工作间应保持清洁、无灰尘、无污染、无有害气体。

（2）UPS 电源的市电输入要求:UPS 电源的输入线应是单独从变压器引来的一路电,且不能再接其他用电设备;市电输入端应设有专控开关;UPS 电源输出端应设 UPS 配电柜,经配电柜后再分别接各计算机及其外设;如果有条件,在 UPS 电源输入处设稳压电源或隔离变压器,因为 UPS 电源的输入电压和频率有一定的工作范围,如果输入电压过低,UPS 将自动转为电池供电,并报警。

（3）UPS 电源正常运行时,开机后一般不要停机。频繁开机容易造成 UPS 电源特别是大型、中型 UPS 电源的设备损坏。

（4）正常工作时,UPS 蓄电池一直处在浮充状态,长期的只充不放会导致电池的加速老化,减短电池寿命。因此在使用中应定期人为放电,时间一般每月一次,放电量为电池总容量的 20% ~30%。

（5）其他注意问题:认真检查 UPS 电源的接地;保证空调系统的正常工作;加强机房的安全防火措施;对机房工作人员进行 UPS 电源相关知识的培训。

5.5.2　接地系统

由于智能会议室的音视频以及控制设备众多,机柜设备,投影机等重要设备除了尽量使用不间断电源外,在电路的接地方面也有着更严格的要求。一般视听项目的设备比较集中,置于设备间或会议室的某个区域,在这些区域的供电系统需要严格按照机房供电的要求。

接地系统就是把电路中的某一点或某一金属壳体用导线与大地连在一起，形成电器通路，其目的是让危及人身或设备的电流易于流到大地，因此从这个意义上讲，希望接地电阻越小越好。另外计算机系统的接地还希望在接地电流受某种外界条件影响数值发生变化时，使接地点的电位随之变化而产生的噪声应尽量减少，所以接地电阻越小越好，同时有下面两点注意：

（1）信号电路和电源电路、高压电路和低压电路不应使用共地回路。

（2）灵敏电路的接地应各自隔离或屏蔽，以防止地回流和静电感应而产生干扰。

在现今的计算机系统中，除了使用直流电源的计算机设备以外，还配备有大量的使用380V/220V交流电的各种电气设备，如计算机的外部设备、变压器、电动机发电机组、空调设备、机柜上的风机、电烙铁和示波器等。所以在计算机系统中同时存在几种不同的接地系统：

（1）交流工作地：在电力系统中运行需要的接地（如中性点接地），应不大于4Ω。与变压器或发电机直接接地的中性点连接的中性线称零线；将零线上的一点或多点与地再次做电气连接称重复接地。交流工作地是中性点可靠地接地。当中性点不接地时，若一相碰地而人又触及另一相时，人体所受到的接触电压将超过相电压，而当中性点接地时，且中性点的接地电阻很小，则人体受到电压相当于相电压；同时若中性点不接地时，由于中性点对地的杂散抗阻很大，因此接地电流很小；相应的保护设备不能迅速切断电源，对人及设备产生危害。

（2）安全保护地：安全保护地是指机房内所有机器设备的外壳以及电动机、空调机等辅助设备的机体（外壳）与地之间做良好的接地，应不大于4Ω。当机房内各类电器设备的绝缘体损坏时，将会对设备和操作及维修人员的安全构成威胁，所以应使设备的外壳可靠接地。

（3）计算机系统直流接地：计算机本身的逻辑参考地，小于1Ω。

（4）防雷保护地：即整个大楼的防雷系统的接地，一般以水平连线和垂直接地桩埋设地下，主要是把雷电电流由受雷装置引到接地装置，应不大于10Ω。

（5）屏蔽接地：为了防止电磁感应而对电力设备的金属外壳、屏蔽罩、屏蔽线的外皮或建筑物金属屏蔽体等进行接地。

机房内应引入3种地线：即交流工作地、安全保护地和计算机直流地。

以上是系统集成领域对于会议室、机房供电建设的一些基本原则,在视听项目中,工程人员多数情况下需要了解已有的楼宇和房间供电状况,以进行灯光、设备电源的设计,如果有可能的话,需要在楼宇或房间供电系统建设时对视听系统的供电提出要求,以支持后期建设的视听系统的稳定运行。

5.6　智能会议环境综合建设

5.6.1　智能会议系统

大屏幕投影显示系统并不是智能化视听会议室必须的建设方案,显示系统的选择要根据用户的环境特点和需求而定。

智能视听会议室的的重要功能还是会议,因此会议发言子系统一般是不可缺少的。数字会议系统以其简单的网络系统处理和传送数字信号成为目前世界上最为先进的会议系统。它是利用网络时分复用技术并将语言数字化的会议系统,在同一根电缆上实现多路同时发言,还可以实现多路同时同声传译、投票、表决等功能。它对于所有类型的会议都提供灵活的管理,具有多功能、高音质、数据传送保密等优点,可以对会议的全过程实行全面的控制。

以会议为主题功能的智能视听会议室可以从中央控制系统、发言设备、显示系统和应用软件 4 个方面来描述其功能组成。

1. 中央控制系统

中央控制系统是会议系统智能化的核心。从广义上讲,它包含了人机交互界面,中央控制主机以及各级控制设备(如会议控制主机、电源继电器、音量控制器、各种切换器等)。它可以实现用户对设备的独立操作,也可以通过程序进行一键联动,快捷地实现自动会议控制,还可以由高级的工作人员通过计算机直接实时控制,实现更复杂的管理。

人机交互界面包含了系统中多种设备的独立控制,同时定义了一系列的常用会议模式以及信号管理模式,实现了会议信号和环境管理的智能化一键操作,这对于一般的会议室就足够了。在一些高级别的会议中,还会涉及大量的同声传译和话筒管理,以及会议资料产生和显示,内部通信等工作,这些都需要一个强大的软件系统来进行实时操作。很多会议控制设备都带有计算机控制软件,方便工作人员进行会议实时管理的操作。

2. 会议发言系统

随着数字会议理念的深入,数字会议系统发展到可以集音频会议系统、投票表决系统、IC 卡签到系统同声传译系统及视像跟踪系统于一身,并配置完善的管理软件,既可以简化会场设备,又可以随意扩充功能,是一套集多种功能于一体的会议设备,同时也节省了工程经费。

数字会议音频使用数字信号传送,无论是对小型会议还是数千人的多语种大型国际性会议都能应该做到得心应手的管理。它不但具有多功能、高保真音质、数据保密、传输可靠等特点,还可以对整个会议过程进行全面控制。

只要接入控制计算机,操作员在相应的软件模块的帮助下便可以自如地对会议过程进行实施监控,包括基本的话筒管理、投票表决、IC 卡签到、数据管理和资料显示以及多种语言的同声传译。即使在没有接入控制计算机时,它仍然是一套完善的数字会议系统。每一台单元具备有带开关的麦克风、内置扬声器、发言指示灯。只需将单元一台一台串联起来配备相应的操作软件便可以组合成完整的会议系统。它对所有会议控制的基本原则都一样,变化的只不过是系统的规模。系统可以根据会议的需要,接入相应数量的单元,补充软件就可以增设更多功能,对系统规模的扩展非常简单。

3. 显示系统

显示系统用于展现用户的多媒体和视频资料,大屏幕投影、平板电视、各种拼接显示墙在这里统称为显示屏幕。显示屏幕是向广大会议代表快速、高效显示资料的理想媒体。依托于中央控制系统强大的切换功能,通过各级视频处理设备,用户可以方便地在屏幕上以不同的方式显示实时摄像或各种计算机、视频以及多媒体影像资料。此系统主要用于把会议有关的资料展示出来,可以是欢迎辞,会议日程安排、专业软件的操作、最新消息等,也可以用动态画面作为背景墙,营造需要的会议效果。

4. 应用软件

一般系统都设计了功能丰富的软件模块,这些软件模块在 PC 机上运行,通过网线与会议控制主机实现连接,从而使会议的准备、管理和控制在多功能的图形计算机环境下进行,按照特定的系统要求可以将任何的模块结合装入。因此,通过系统的总线与发言、翻译、控制设备形成直接链路,所有会议的全面管理可以集中到一点来控制,使得操作更方便、高效,也使数据分配更容易。

5.6.2　现代化会议室建设原则

在智能会议室的建设中,涉及建筑、电气、音响等多方面的内容,相关的系统设计也要遵循相关的规范。一般来说,可以参考的系统设计技术标准及规范如下:

(1)《民用建筑电气设计规范》JGJ/T 16—92。

(2)《高层民用建筑设计防火规范》GB 50045—95。

(3)《智能建筑设计规范》GB 50045—95。

(4)《工业企业通讯设计规范》GBJ 42—81。

(5)《工业企业通信接地设计规范》GBJ 115—87。

(6)《厅堂扩声系统声学特性指标》GYJ 25—86。

(7)《厅堂扩声特性测量法》GB/T 4959—1995。

(8)《客观评价厅堂语言可懂度的 RASTI 法》GB/T 14476—93。

(9)《歌舞厅扩声系统的声学特性指标与测量方法》WH0 301—93。

在系统设计中,还要遵循以下原则:

1. 先进型性原则

采用的系统结构应该是先进的、开放的体系结构,和系统使用当中的科学性。整个系统能体现当今会议技术的发展水平。

2. 实用性原则

能够最大限度地满足实际工作的要求,把满足用户的业务管理作为第一要素进行考虑,采用集中管理控制的模式,在满足功能需求的基础上操作方便、维护简单、管理简便。

3. 可扩充性、可维护性原则

要为系统以后的升级预留空间,系统维护是整个系统生命周期中所占比例最大的,要充分考虑结构设计的合理、规范,对系统的维护可以在很短时间内完成。

4. 经济性原则

在保证系统先进、可靠和高性能价格比的前提下,通过优化设计达到最经济性的目标。

5.6.3 智能会议系统的设计过程

智能化会议室的设计过程如下：

1. 需求分析

一个合理而实用的系统来源于合理的设计,而合理的设计依靠的是对用户需求的准确把握。因此项目的第一个阶段就是需求分析。分析客户的需求、要达到怎样的功能以及预算如何,同时合理引导客户更加准确地表达自己的需求。

主要有以下几点:

(1) 理解用户对环境的使用设想,提出对应功能组合。

(2) 根据环境的人员使用情况以及会议级别等情况,提出会议室布局建议。

(3) 针对用户的需求,提出设计方所能够提出系统的附加值,这往往是整个项目的亮点。

(4) 对目前未能体现的需求加以引导,对未来可以升级和扩展的功能加以说明,让用户尽量充分地了解系统的总体功能以及使用情况。

(5) 按照用户认可的功能进行系统详细报价。

因为报价关系到合同的签订,因此,这个阶段经常在合同之前就已经进行,如果之前是进行了基本的需求分析,在详细设计阶段需要进一步落实和确认。

2. 方案设计

需求分析的目的是为了系统设计,设计的基础是功能。准确理解了用户的需求后,工程师需要分析功能要求,根据功能来构建整个系统。

在总体设计时,应把握以下几个方面:

1) 整个系统的组成

客户对系统的需求决定了系统的功能构成,其中显示系统决定了会议室环境的布局,中央控制系统需要满足所有的控制功能。

2) 各个子系统功能与组成

各个子系统相对独立,相互级联,中央控制系统的控制以及各个系统之间的信号通路要求工程师对设备接口情况进行确认,对现场环境带来的信号传输

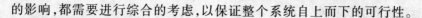

的影响,都需要进行综合的考虑,以保证整个系统自上而下的可行性。

3)设备选型和主要设备清单

根据用户的功能选择适合的音视频、控制设备等,尤其是占预算比例较大的主要设备应该基本定型。

4)系统连接图

主要设备拓扑图等应该具备,可以存档于交付用户的系统文档说明,以及用于明确系统功能和指导详细的设计。

5)系统的实施

现场实施阶段,在现场具备设备进场要求后进行,此过程在案例分析一章会进行重点的介绍。

根据功能来构建的系统就要求要对整个系统进行功能划分,只有每个单一的功能实现了,最后才能达到整套系统的功能。这里可以把它称为系统细分:系统—子系统—设备—功能。

在总体设计阶段,需要进行子系统级的分析,在详细设计中,将子系统落实到设备,完成整个系统设备的拓扑图。在详细设计到实施的交付中,需要对主要的设备之间以及系统间的结合方式进行必要的交代。

3. 设备选型

从现代会议系统的功能来看,常用的功能包括以下几个方面:

会议室会议发言功能、摄像跟踪功能、远程视频会议功能、高清影音播放功能、综合信号管理功能、环境灯光组合控制功能、外围多媒体播放功能和楼宇监控功能,对这些功能有选择的进行组合设计就形成了适合用户需求的智能化多功能会议环境。

各个功能部分都有其常用的设备,下面就主要功能所需设备进行阐述。

1)会议室会议发言功能

会议发言最主要的是话筒,传统的话筒都是模拟话筒,数字会议中常用数字话筒——称为数字会议代表单元,还有数字会议主机,用于控制发言方式并对音频进行滤波和调整,在一些场合,除了发言,还需要表决、同声传译等功能,就需要相应的翻译单元,有线同传单元,无线表决主机,无线表决终端等设备。在会议中往往会进行摄像头自动跟踪,其实现是通过中控主机与会议主机进行通信,对摄像头的协同控制完成的。

2）远程视频会议功能

对于远程视频会议需求,目前有软件和硬件两种解决方案,硬件实现不可避免地需要视频会议终端设备,能够实现网络上多点的视频会议功能,软件则需要基于局域网和广域网协议的网络软件,其本质都是将各个会议地点通过网络进行音视频的互连,在此不做进一步讨论。

3）音视频部分

调音台、均衡器、反馈抑制器等处理设备,CD、DVD 等播放设备,还有功放、音箱这些输出设备。在视听项目中显示部分主要是大屏幕显示设备,如多通道大屏幕投影,这也是本书所重点介绍的显示技术,另外还有 LCD、DLP、LCOS 拼接单元,LED 显示屏,液晶电视,监视器等。

4）综合信号管理功能

此处相当于中央控制系统的二级控制设备,包括音视频(AV)矩阵、VGA(DVI、RGB 等)矩阵、红外控制器、多串口卡等设备,用于实现控制各种音视频信号切换,控制外围设备的工作状态等功能。

5）摄像功能

这里需要用到的设备是生活中比较熟悉的视频采集设备,如摄像机或者摄像头,只是用户不同用途时所选用的设备有差别,如视频会议室需要选用高清摄像头,监控中心选用的是监控摄像头。

6）集中控制功能

如前文所述,这里是整个会议室的核心,中央控制系统的强大所在。通过对接口和控制设备的确定,中央控制系统实现其总指挥的作用,把会议室内的灯光,音响,信号切换等进行集中控制,并且能达到无线操作。

设备清单需要列出主要设备的品牌和数量,附件以及工程中不可预料的边缘线材或接口设备等可以统一归属到附件的预算中。

以上,通过要求分析落实功能组成,分析子系统的构成,最终确定了设备。通过中央控制系统,各个子系统合理的联接到了一起,通过定制的嵌入式软件的写入,最终为智能会议系统赋予灵魂。

系统设备的确定和采购要考虑用户的需求和预算,在选型时遵循的总体原则如下:

(1)用国际知名的器材,以及有雄厚实力和绝对优秀技术支持能力的厂家、代理商，以保证设计指标的实现和系统工作的可靠性。

（2）基本上选用同类产品中技术最成熟、性能先进、使用可靠的产品型号，以保证器材和系统的先进性、成熟性。

（3）选用高度智能化、高技术含量的产品，建立系统开放式的架构，以标准化和模块化为设计要求，既便于系统的管理和维护使用，又可保持系统较长时间的先进性。

一个现代化的会议室建设涉及了多个学科的知识，高清音视频展示的效果和系统使用的便捷性是用户最为关注的目标。因此，专业的数字会议系统，设计美观的大屏幕显示系统和合理的环境一体化控制系统就构成了会议室建设中常用的元素，其他各个子系统根据用户的需求进行设计，从而保证了整个会议系统的施工质量。

集高清数字音视频于一体的高科技的智能化会议环境是整个弱电工程的亮点，在今后的使用中必然会涵盖几乎所有的部门会议、领导会议、员工教育培训、企业间交流和接待等重要的专业学术研究和企业活动，所以在任何大型项目中的多媒体会议系统的优劣，直接影响到整个系统工程的质量。按照项目规范进行设计和施工，对保证工程的质量，促进项目的验收，减少工程的维护成本都是至关重要的。

第6章

综合布线技术

综合布线系统是建筑物或建筑群内统一的、标准的传输网络。它既使语音、数据和电视（会议电视、监视电视）通信设备、交换设备和其他信息管理系统彼此相连，也使这些设备与外部通信网相连接。该系统由不同系列的部件组成，其中包括传输介质、线路管理硬件（如配线架）、接连器、插座、插头、适配器、传输电子线路、电气保护设备和支持硬件。在大屏幕投影和智能会议室建设中，各类线缆是视听系统设备和通信的媒介，是使整个系统成为一个有机的整体的重要的脉络，对线材进行合理的选择和铺设是保证系统长期稳定运行的必备条件。综合布线技术经过多年的发展，在国际国内都具有了越来越完善的标准，了解这些标准，并在工程中遵循这些标准来建设，才能有效地保证工程质量，提高用户的满意度。

6.1 综合布线介绍

6.1.1 综合布线概述

综合布线系统是一个用于语音、数据、影像和其他信息技术的标准结构化布线系统。综合布线系统是一种模块化的、灵活性极高的建筑物或建筑群内的传输网络，它能使语音和数据通信设备、交换设备和其他信息管理系统彼此相连接，包括建筑物到外部网络或电话局线路上的连接点与工作区的语音或数据终端之间的所有电缆及相关联的布线部件。

1. 综合布线的结构

综合布线采用模块化设计和分层星形拓扑结构。

应用广泛的建筑与建筑群结合布线系统(PDS)结构可分为 6 个独立的系统(模块):

(1)工作区子系统(Work Location Subsystem)。由终端设备到信息插座的连接(软线)组成。

(2)水平区子系统(Horizontal Subsystem)。将电缆从楼层配线架连接到各用户工作区上的信息插座上,一般处在同一楼层。

(3)垂直干线子系统(Riser Backbone Subsystem)。将主配与各楼层配线架系统连接起来。

(4)管理子系统(Administration Subsystem)。将垂直干缆线与各楼层水平布线子系统连接起来。

(5)设备间子系统(Equipment Subsystem)。将各种公共设备(如计算机主机、数字程控交换机,各种控制系统,网络互连设备等)与主配线架连接起来。

(6)建筑群子系统(Campus Subsystem)。分散不同建筑物的彼此联系的系统可用通信介质和各种支持设备连接在一起。

随着信息技术的发展,综合布线的内涵和外延都在发生着变化,子系统的定义也在变化,其定义的增加抑或修改都是为了满足工程中的标准化的需要,对于特定的工程具有实际而有效的指导意义。

2. 综合布线的发展

综合布线的发展与建筑物自动化系统密切相关。传统布线如电话、计算机局域网都是各自独立的。各系统分别由不同的厂商设计和安装,传统布线采用不同的线缆和不同的终端插座。而且,连接这些不同布线的插头、插座及配线架均无法互相兼容。办公布局及环境改变的情况是经常发生的,需要调整办公设备或随着新技术的发展,需要更换设备时,就必须更换布线。这样因增加新电缆而留下不用的旧电缆,天长日久,导致了建筑物内一堆堆杂乱的线缆,造成很大的隐患。维护不便,改造也十分困难。

随着全球社会信息化与经济国际化的深入发展,人们对信息共享的需求日趋迫切,就需要一个适合信息时代的布线方案。

综合布线是一种预布线,能够适应较长一段时间的需求。在大屏幕投影视听环境中,布线涉及的复杂度相对较低,但是有包含了电源、网络、音视频等多种强弱电线路,必须遵守工程规范,从能与现有线路达到完美的接合,才能保证智能会议环境的长久可靠运行。

综合布线系统标准经过世界上多家著名电信和计算机通信公司参与制订和修改,1991 年 7 月电子工业协会和电信工业协会发表了 TIA/EIA 568 商务建筑布线标准(见附录)。TIA/EIA 568 综合布线标准确定了综合布线系统中各种类型配置的相关器件、线缆的性能和技术标准,确定了综合布线系统的结构,给出了综合布线系统应用或支持的范围,还制订出与本标准相关的 TIA/EIA 569(商务建筑电信布线通道及空间标准)和 TIA/EIA 570(住宅及小型商业区综合布线标准)。美国电话电报(AT&T)公司的贝尔(Bell)实验室的专家们经过多年的研究,在办公楼和工厂试验成功的基础上,于 20 世纪 80 年代末期率先推出 SYSTIMATMPDS(建筑与建筑群综合布线系统),现时已推出结构化布线系统 SCS。经中华人民共和国国家标准 GB/T 50311—2000 命名为综合布线 GCS(Generic Cabling System)。在音视频领域还有一个 VESA 组织(视频电子标准协会,见附录),它定义了一些显示相关的标准。国内各种标准也在不断的发展和完善,工程人员在工程中需要根据项目特点适当的采用工程规范进行布线设计和实施。

6.1.2 综合布线的特点

综合布线同传统的布线相比较,有着许多优越性,是传统布线无法比拟的。其特点主要表现在它具有兼容性、开放性、灵活性、可靠性、先进性和经济性。而且在设计、施工和维护方面也给人们带来了许多方便。

(1)兼容性:综合布线的首要特点是它的兼容性。所谓兼容性是指它自身是完全独立的而与应用系统相对无关,可以适用于多种应用系统。

过去,为一幢大楼或一个建筑群内的语音或数据线路布线时,往往是采用不同厂家生产的电缆线、配线插座以及接头等。例如用户交换机通常采用双绞线,计算机系统通常采用粗同轴电缆或细同轴电缆。这些不同的设备使用不同的配线材料,而连接这些不同配线的插头、插座及端子板也各不相同,彼此互不相容。一旦需要改变终端机或电话机位置时,就必须敷设新的线缆,以及安装新的插座和接头。

综合布线将语音、数据与监控设备的信号线经过统一的规划和设计,采用相同的传输媒体、信息插座、交连设备、适配器等,把这些不同信号综合到一套标准的布线中。由此可见,这种布线比传统布线大为简化,可节约大量的物资、时间和空间。

在使用时,用户可不用定义某个工作区的信息插座的具体应用,只把某种终端设备(如个人计算机、电话、视频设备等)插入这个信息插座,然后在管理间和设备间的交接设备上做相应的接线操作,这个终端设备就被接入到各自的系统中了。

(2)开放性:对于传统的布线方式,只要用户选定了某种设备,也就选定了与之相适应的布线方式和传输媒体。如果更换另一设备,那么原来的布线就要全部更换。对于一个已经完工的建筑物,这种变化是十分困难的,要增加很多投资。

综合布线由于采用开放式体系结构,符合多种国际上现行的标准,因此它几乎对所有著名厂商的产品都是开放的,如计算机设备、交换机设备等;并对所有通信协议也是支持的,如 ISO/IEC 8802—3、ISO/IEC 8802—5 等。

(3)灵活性:传统的布线方式是封闭的,其体系结构是固定的,若要迁移设备或增加设备相当困难而麻烦,甚至不可能。

综合布线采用标准的传输线缆和相关连接硬件,模块化设计。因此所有通道都是通用的。每条通道可支持终端、以太网工作站及令牌环网工作站。所有设备的开通及更改均不需要改变布线,只需增减相应的应用设备以及在配线架上进行必要的跳线管理即可。另外,组网也可灵活多样,甚至在同一房间可与多用户终端、以太网工作站、令牌环网工作站并存,为用户组织信息流提供了必要条件。

(4)可靠性:传统的布线方式由于各个应用系统互不兼容,因而在一个建筑物中往往要有多种布线方案。因此建筑系统的可靠性要由所选用的布线可靠性来保证,当各应用系统布线不当时,还会造成交叉干扰。

综合布线采用高品质的材料和组合压接的方式构成一套高标准的信息传输通道。所有线槽和相关连接件均通过 ISO 认证,每条通道都要采用专用仪器测试链路阻抗及衰减率,以保证其电气性能。应用系统布线全部采用点到点端接,任何一条链路故障均不影响其他链路的运行,这就为链路的运行维护及故障检修提供了方便,从而保障了应用系统的可靠运行。各应用系统往往采用相同的传输媒体,因而可互为备用,提高了备用冗余。

(5) 先进性:综合布线,采用光纤与双绞线混合布线方式,极为合理地构成一套完整的布线。

所有的布线均采用世界上最新通信标准,链路均按 8 芯双绞线配置。5 类双绞线带宽可达 100MHz,6 类双绞线带宽可达 200MHz。对于特殊用户的需求可把光纤引到桌面(Fiber To The Desk)。语音干线部分用钢缆,数据部分用光缆,为同时传输多路实时多媒体信息提供足够的带宽容量。

(6) 经济性:综合布线比传统布线具有经济性优点,主要是综合布线可适应相当长时间需求,传统布线改造很费时间,耽误工作造成的损失更是无法用金钱计算。

通过以上叙述可以知道,综合布线较好地解决了传统布线方法存在的许多问题。从某种角度上讲,综合布线是应越来越复杂的建筑内外布线施工的要求,对各种线缆的选择和铺设进行标准化的统筹,以期达到整体的现代化和网络化系统的可靠性、可扩展性,提高系统的信息容量和性价比。随着科学技术的迅猛发展,人们对信息资源共享的要求越来越迫切,尤其以电话业务为主的通信网逐渐向综合业务数字网(ISDN)过渡,越来越重视能够同时提供语音、数据和视频传输的集成通信网。因此,综合布线取代单一、昂贵、复杂的传统布线,是"信息时代"的要求,是历史发展的必然趋势。

实际项目工程中,并不需要涉及所有的标准和规范,而应根据布线项目性质(生产与销售、设计、施工或包含设计与集成两者在内的集成服务),涉及的相关技术工程情况适当地引用标准规范。

6.2　综合布线的实施

综合布线是一种模块化的、灵活性极高的建筑物内或建筑群之间的信息传输通道。它既能使语音、数据、图像设备和交换设备与其他信息管理系统彼此相连,也能使这些设备与外部相连接。它还包括建筑物外部网络或电信线路的连接点与应用系统设备之间的所有线缆及相关的连接部件。综合布线系统由不同系列和规格的部件组成,其中包括传输介质、相关连接硬件(如配线架、连接器、插座、插头、适配器）以及电气保护设备等。这些部件可用来构建各种子系统,它们都有各自的具体用途。

　　综合布线系统如同各种视听和控制信息的高速公路,需要根据用户的需求综合考虑各种信息通信业务,在装修阶段就将连接各个弱电系统的线缆布放于环境中或者完成必要的预埋管件以备穿线。对于旧的会议室环境改造也要本着尽量减少对原有布线系统的破坏的原则,从合适的位置（如天花板上的空间）追加布线,尽量减少明线的铺设,影响美观。布线在整个工程中是最先进行的,属于工程实施的准备工作,但是却对工程的质量有着巨大影响,因此在设计时,要避免遗漏业务所需的信息点,增加冗余的布线,增加测试线路,以备系统调试和扩展。

　　实际上布线工作中要遵循一定的规范,此规范不仅体现于结构化布线工程实施所要遵循的相关规范和标准,还需要符合在工程中摸索出来的许多经验和教训。综合布线作为一个已经比较成熟的行业,在经历了大量实践的基础上积累了许多可以借鉴的实用经验。布线过程管理混乱、工艺落后、技术陈旧,都会给施工单位本身带来工程质量、成本和进度上的不足,使用先进规范的施工操作规程是企业取得效益和立足市场的必由之路。

6.2.1　施工准备

　　布线施工可以由己方施工人员进行,但是对于经常性的异地工程,成本较高。很多时候布线工程可以进行分包。施工尽可能地找合作过、正规可靠的施工队进行穿线,施工组织者要头脑清楚、有责任感。对于初次合作的施工队,要派人到现场进行指导敷设。根据实际情况列出用人计划,凭用人计划向公司申请准备给穿线施工队的酬金。根据管槽完工时间和后续布线系统安装和装修封顶的时间要求,列出穿线进度计划和保证质量的措施。

　　穿线前要严格进行穿线检查,具体要求参见相应的管槽检查要求,严重影响穿线质量和进度的管槽质量问题包括管槽规格小,接口处有毛刺,埋地安装管槽阻塞、积水等;埋地管槽穿线前必须全面试穿。需准备的文档包括布线系统系统图、布线系统平面图、穿线技术要求和空白穿线报告。

　　穿线交底的对象是穿线的承包人和施工组织者,交底的核心内容是要使穿线者理解质量要求,过程如下:首先讲解系统图、平面图,讲解穿线质量要求,其次探讨工序,谈穿线检查,谈穿线报告,最后谈报酬数额,付酬方式及探讨合同、签署合同。

6.2.2 工程实施

工程实施过程中,首先要进行穿线组织策划,组织好穿线的关键在于施工组织者,施工组织者应理解布线系统总体结构,不要穿错路线,能明确区分要敷设的各种电缆,不要用错电缆;熟悉电缆要经过的管路,有丰富的穿线经验;懂得预防典型的影响穿线质量和进度的问题;理解综合布线系统电缆敷设的特殊要求;思路清晰,把信息点分组,一组一组地敷设,不多穿,不漏穿;每组应不超过20个信息点,否则同时穿放的电缆量大,穿放费力容易导致电缆损伤,也容易缠绕、打结,非常影响进度;严谨地做标号,并记录长度刻度;严格地组织测试,用检测仪表逐条电缆测通断状况。

穿线应按工序要求进行。管槽检查,钢管加护口,埋地钢管试穿。对所有参与穿线的人员讲解布线系统结构、穿线过程、质量要点和注意保护电缆。策划分组,一组一组地穿放电缆,对于其中一组,选择穿线起点。电缆运至起点,标号,记配线架端刻度,把此一组穿至配线架,按要求留余长。度量起点到插座端长度,截断,标号,记插座端刻度。插座端盘绕在插座盒内。对每根电缆进行通断测试,补穿,修改标号错误。最后整理穿线报告,扣线槽盖。

所有的钢管口都要安放塑料护口。穿线人员应携带护口,穿线时随时安放。电缆在计算机出线盒外余长3cm,余线应仔细缠绕好收在出线盒内。

在配线箱处从配线柜入口算起余长为配线柜的(长＋宽＋深)。通过适当型号的机柜和理线槽,让线缆变得井井有条。余线应按分组表分组,从线槽出口捋直绑扎好,绑扎点间距不大于50cm。不可用铁丝或硬电源线绑扎。50芯电缆转弯半径应不小于162mm。垂直电缆通过过线箱转入垂直钢管往下一层走线时,要在过线箱中绑扎悬挂,避免电缆重量全部压在弯角的里侧电缆上,这样会影响电缆的传输特性。在垂直线槽中的电缆要每隔1m绑扎悬挂一次。线槽内布放电缆应平直、无缠绕、无长短不一。如果线槽开口朝侧面,电缆要每隔1m绑扎固定一次。电缆按照设计平面图标号,每个标号对应1条4对电缆,对应的房间和插座位置不能弄错。两端的标号位置距末端25cm,贴浅色塑料胶带,上面用油性笔写标号或贴纸质号签再缠透明胶带。此外在配线架端从末端到配线柜入口每隔 1m 用要用标签纸贴在电缆外皮上用油性笔写标号。4 对双绞电缆按 3% 的比例穿备用线,备用线放在主干线槽内,每层至少 1 根备用线。穿线完成后,所有的 4 对芯电缆应全面进行通断测试。测试方法:把两端电缆的芯线全部剥开,露出铜芯。在一端把数字万用表拨到通断测试挡,两表笔稳定地接到一对电缆芯上;在另一端把这对电缆芯一下一下短暂地接触。如果持表端能听到断续的声音,就说明连通正常。线路铺设后,线材接口制作前的连通测试是必不可少的。

6.2.3　如何保障施工的质量

会议室环境的工程设计将对布线全过程产生决定性的影响,故设计者应认真审慎,做充分的调查研究,收集相关资料(包括建筑物的一些图纸资料、装修的图纸资料以及其他工程的资料,还有布线方面的资料等等),并应该充分考虑到经济条件、应用需求、施工进度要求等各个方面。

因此,要保证布线的施工质量,首先要做好设计阶段的详细图纸,一张好的综合布线系统设计图纸可以节省布线时间和减少在综合布线系统的过程中遇到的现场问题,往往环境中不仅仅只有弱电,还有强电、消防、空调等都要在设计中进行综合考虑,如果可能尽量到现场实地测量,做出不能实施的设计会增加后期的成本,例如,如果投影吊装的位置已经有空调风管或者灯组,那么在设计中就需要避开这些位置。

其次,施工过程中要做好施工计划,以应付不断的变化。这里就需要强调冗余的重要性了,即使信息点位和线路已经能够满足用户的需求,也要对重要的线路进行冗余设计,这可以用于测试和扩展,并在原线路发生问题时能够进行更换。现场的情况的变化和用户的需求变化,往往会导致在施工过程中进行设计的二次修改,这些冗余可以大大地提高设计的灵活度,减少工程的改动量。

另外,在工程中要严格要求施工人员,线路要工整、明朗,做好标签,以减少后期施工和维护成本,这一点在复杂的工程中尤为重要。

无论是分包给施工队进行布线还是自己公司工程人员进行布线,都应该注意以下几点:

(1) 在综合布线系统中,水平线缆的管路尽量采用钢管,主干线缆的敷设尽量采用桥架,然后在施工的过程中,做好钢管与钢管之间,钢管与桥架之间,桥架与桥架之间的接地跨接工作。再将非屏蔽线缆和大对数线缆敷设于这样的管路中,可起到有效的屏蔽作用,减少外界干扰对综合布线系统信号传输的影响,弥补非屏蔽布线系统的不足。

(2)在安装线槽时应多方考虑,尽量将线槽安装在走廊的吊顶内,并且去各房间的支管应适当集中至检修孔附近,便于维护。由于楼层内总是走廊最后吊顶,所以集中布线施工只要赶在走廊吊顶前即可,不仅减少布线工时,还利于已穿线缆的保护,不影响房内装修;一般走廊处于中间位置,布线的平均距离最短,节约线缆费用,提高综合布线的性能(线越短传输的品质越高)尽量避免线槽进入房间,否则不仅费线,而且影响房间装修,不利于以后的维护。大屏幕投影会议室环境一般用到一个到两个房间,房间之间的走线位置要根据房间的布局和墙体吊顶等建筑情况而定。

(3)当电缆在两个终端有多余的电缆时,应该按照需要的长度将其剪断,而不应将其卷起并捆绑起来。同时注意,需要留有一定的长度,用于制作的损耗和最后线材的固定。

(4)电缆的接头处反缠绕开的线段的距离不应超过2cm。过长会引起较大的近端串扰。在进行认证测试的时候,近端串扰就无法通过了。

(5)在接头处,电缆的外保护层需要压在接头中而不能在接头外。因为当电缆受到外界的拉力时受力的是整个电缆,否则受力的是电缆和接头连接的金属部分,会使接头和模块之间端接不牢靠。

(6)在电缆接线施工时,电缆的拉力是有一定限制的,一般为90N左右,其拉力可以和电缆的供应商确认,过大的拉力会破坏电缆对绞的匀称性。

(7)固定工作区的信息面板时一定要用面板自带的平头螺丝进行安装,如果自带的螺丝不好或接线盒之间不匹配(英制和公制),更换螺丝要选择平头的螺丝,严禁采用自攻丝代替,因为自攻丝可能碰到线缆,造成线缆短路。

(8)有些施工工人在做条线的时候,并不是按照568A或者568B的打线方法进行打线的,而是按照1、2线对打白色和橙色,3、4线对打白色和绿色,5、6线对打白色和蓝色,7、8线对打白色和棕色,这样的条线在施工的过程中能够保证线路畅通,但是它的线路指标却很差,特别是近端串扰指标特别差,会导致严重的信号泄漏,造成上网困难和间接性中断。因此,在施工中要严格线材的制作规范。

TIA（电信工业协会）制定了 EIA/TIA 568 A TSB—67 标准,它适用于已安装好的双绞线连接网络。TSB—67 中定义的"连接"模型标准定义了两种连接模型:Channel 和基本连接(Basic Link)。Channel 定义了标准对端到端(含用户末端电缆)传输的要求。

例:机房地板走线方案。

走线方案 1:开启式插座。

采用开启式插座,插座大小相当于主板的 1/9(即一个子板大小),插座的一边有和主板边角相同的凹槽,盖板可以直接搭在插座边角上,从而将插座和地板固定在一起。

优点:操作简单,只需简单的手工锯、螺丝刀即可轻松完成布线进度快,一般 300 点/(天·人)～500 点/(天·人)。开启式插座容量大于普通插座,布线单位成本大大降低。

适用范围:建议所有强电采用开启式插座,部分重要弱电信息点采用开启式插座。

走线方案 2:走线口。

在主板或盖板任意位置,开 50mm 圆孔,并搭配塑料走线口。弱电可以直接穿出使用,强电可以在引出后接插线板,或者引到隔断底部另接塑料面板。

优点:成本低,2 元～3 元一个,穿线量大,一个孔可出 5 根～10 根线缆施工简单,普通开孔工具即可完成,进度能够达到 800 点/(天·人)～1000 点/(天·人)。

适用范围:所有弱电信息点都可以采用此方式,部分强电视情况也可使用走线口。

走线方案 3:普通弹起式地插座。

在房间内任意位置根据需要将弹起式地插座固定在地面上,铺装地板过程中遇到插座时就切割地板。

优点:

(1) 能够使用市场上所有的弹起式地插座,容易采购,成本低。

(2) 根据需要任意布线,不局限于地板的位置和形状。

适用范围:所有强弱电信息点(只用于 50mm 高度地板)

对于视听系统集成,工程中的音视频建设占了很大的比例,下面介绍一些要保证视听系统工程质量,必须遵循的标准和更加细节的工艺要求。

视听系统工程过程中对质量的要求很多,但也具有一定的普遍性,以下对视听系统工程质量要求做一介绍,供业内参考。

1. 推荐标准

对于系统器材的放置、系统的连接、接插件的焊接希望所有工程人员能够严格按照表6-1的要求执行规范化操作。

表6-1 不同规范及标准参考表

标准代号	涉 及 内 容
JGJ 57—2000	剧场建筑设计规范
JGJ/T 16—92	民用建筑电气设计规范
GBJ 16—92	建筑设计防火规范
GB/T 50314—2000	智能建筑设计标准
GB/T 50311—2000	建筑与建筑群综合布线工程设计规范
GB/T 50312—2000	建筑与建筑群综合布线系统工程验收规范
GB 50259—96	电气装置安装工程电气照明装置施工及验收规范
GB 50169—92	电气安装工程接地装置施工质量验收规范
IEEE802.3	总线局域网标准
TIA/EIA 586	民用建筑线缆标准
TIA/EIA 569	民用建筑通信和空间标准
TIA/EIA 606	民用建筑通信管理标准
TIA/EIA 607	民用建筑通信接地标准

2. 布线工艺保证

所有音视频信号线、控制线独立走线(机柜内走线除外),不允许与强电共享线管或线槽,与强电电缆的间隔应在安全范围内,避免互相之间的电磁干扰。

所有音视频信号线、控制线(包含机柜内连线)没有急剧的转弯,最大扭距不允许超过厂家规定的安全标准。

整个布线过程必须保证线缆的完好无损,不允许保护外皮有明显的破损或脆化。线缆的走向必须科学合理,不允许纵横交错或盘旋。

所有音视频信号线、控制线(包含机柜内连线)的线尾必须科学合理,保留合适的标准长度,确保足够的长度利于线缆的热胀冷缩和应急跳线。

所有音视频信号线、控制线(包含机柜内连线)都要用线牌做好标签,并确认与布线清单的标识号码相符,书写字体必须清晰和标准。

3. 焊接工艺保证

所有音视频信号线、控制线在遇到必需加长的情况下,不允许进行简单的人力纽结,必须使用电烙铁焊接;焊接部分的裸线不允许使用电工胶布密封,必须使用热缩管严密套好。

所有需要焊接的音视频信号线、控制线,不允许直接对焊,必须要用提炼后的松香先对焊接的线缆和接头部分镀锡处理,严禁使用任何助焊剂。

所有音视频信号线、控制线(包含机柜内连线)的焊点必须保证焊接牢靠和圆滑,不允许焊点起毛刺或尖角,避免焊点造成的短路或断路。

所有音视频、控制线的接插件(如 BNC、RCA、XLR、TRS 等)的内部芯线焊接都必须套热缩管保护,避免焊点的氧化,利于长时间的稳定使用。

所有线缆屏蔽网的连接要整齐牢固,如果是夹紧式的连接头(如焊接式的 BNC、RCA 或 TRS 接头),必须先焊接后再夹紧,避免屏蔽网的松散和脱落。

厂家原装视频线缆的安装必须严格遵循厂家规定的标准和工序。

4. 安装工艺保证

在现有的条件下,所有器材的安装方式必须确保安全、牢靠。

投影机调试好之后,如果条件允许,需对安装支架与地面进行加固处理,避免人为碰撞产生的意外。

机柜内部的器材编排必须科学合理,在确保安全牢靠的前提下,以使用或维护的便利性为设计标准。

5. 工地规章制度

(1)遵守所有中华人民共和国法律和治安条例。

(2)遵守所有工地防火、防烟、防水安全标准。

(3)遵守所有用户规定的办公制度和限制范围。

(4)文明施工,不粗言烂语或大声喧哗、吵闹。

(5)不透露在合作期间有可能知晓的客户秘密。

(6)不透露签署的任何文件,包括合同、协议。

(7)加强施工文件、图纸、资料和工具的管理。

6.3 综合布线的验收

在最终安装的室内设备到场前,需要确认准备工作是否完成,其中,最重要的一项就是检查布线工作是否按照设计完成。通信介质的正确连接及良好的传输性能，是系统正常运转的基础。对于由施工队承接的布线工作，线路铺设完毕后必须对系统进行必要的测试，以确认传输介质的性能指标已达到了系统正常运转的要求。TIA/EIA-568 国际商业大楼通信线路标准对结构布线系统的缆线及连接器的传输给出了最低的电气性能指标要求。

即使已具几年施工经验的工程商在初次安装 6 类铜缆系统时，也很可能会发现工程的验收非常不容易通过：第一遍自测下来不合格，需要整改的比例有时会高达百分之几十，而不是安装超 5 类铜缆系统时惯常的百分之几，并且整改到合格也很难，要经过多次反复。大部分面临这一局面的工程商会探究在 6 类铜缆系统的安装上是否有全新的方法必须学习，少部分人甚至会怀疑所用产品的生产质量是否达到 6 类的要求，因为现场的装成综合布线系统验收受到两方面的影响：产品的生产质量和该项目工程商的工艺水准。

事实上，任何只要是公开申明并在市场上销售的 6 类产品，一定具有独立的、权威的第三方的足够认证来支持。在 6 类铜缆系统的安装上也没有全新的方法，都是安装超 5 类时就在执行的施工规范，只不过 6 类铜缆系统的安装，需要把安装超 5 类时就在执行的施工规范更严格地落实。正是很多工程商没有严格地执行这些施工规范，仅仅对综合布线系统验收采取所谓的"开通验收"，即只要在布线系统上能开通某一种或几种应用协议，如电话可以通话，或百兆以太网可以运行，就表示综合布线系统验收合格通过，才导致了最终布线工程的质量不过关。

结构化布线系统并不仅仅是为了满足最终用户眼下的某几项应用需求，它能完成得更多。结构化布线系统被安装在建筑物内部和建筑群之间，其有效的服务年限，是要与建筑物的有效年限相提并论的；建筑物的有效年限长达几十年，因而结构化布线系统的有效服务年限也应以此计。综合布线系统验收应该为这么长的有效服务年限中出现的所有符合其类别的应用协议，提供物理层的有线传输平台。这里说的所有符合其类别的应用协议，不光包括目前最终用户选择了的某几项应用协议，也包括目前存在但最终用户没有选择的其他应用协议，尤其还包括目前还没有出现、但只要是产生在该布线系统有效服务年限内的、符合其类别的全部应用协议。由此来看，所谓的"开通验收"，只涵盖了眼下最终用户选择了的某几项应用协议，而没有理会目前存在而最终用户没有选择的其他应用协议,也没有理会目前还没有产生、但是在该布线系统有效服务年限内出现的应用协议;从而结构化布线系统的有效服务年限被大大缩水,最终用户的利益受到了严重损害。

结构化布线系统的标准制定者规范了其类别,像熟悉的 5 类、超 5 类,到最近的 6 类;应用协议的标准制定者们会以此为物理层传输基础,规范未来的应用协议,未来的应用协议一定会符合某一布线系统的类别。反过来,应用协议的发展对物理层传输基础的要求,会全部反映在结构化布线系统的标准向前的推进中。这也就是要尽量向最终用户推荐当前结构化布线系统最新的定稿标准 6 类系统的原因,因为它应该具有较低类别的标准,如 5 类、超 5 类,覆盖更长年限内产生的应用协议。

要保证现场安装的某个特定结构化布线系统可以覆盖其有效服务年限内出现的应用协议,方法只有一种,就是使用布线测试仪对这个特定结构化布线系统进行现场测试,整改直至全部 100% 通过符合其设计的类别标准为止,这称为"测试验收"。需要指出的是,任何在测试中按比例抽检的全合格就验收通过,或全检但容忍有小比率不合格就验收通过的做法,都是对最终用户利益的损害,是不可取的。布线工程商更应自我约束,把由于测试仪器精度引起的临界通过数据也通过整改全部消除。现场整改中的错误定位和故障分析,是积累工程商现场丰富经验和施工工艺的唯一途径,是不能通过受培训教育替代得到的。容易通过超 5 类验收、不容易通过 6 类验收的工程商几乎可以肯定没有经过测试验收的长期严格约束形成良好的施工水准。

与验收方式密切相关的是现场装成后结构化布线系统的质量保证。经过测试验收全部 100% 通过的现场装成结构化布线系统从一定意义上是说可以免除售后质量保证责任的,即便是施工合同中有书面上的约束,也不会事实上发生施工方责任。这也是严格的测试验收对最终用户和工程商双方带来的双赢益处之一。但是实际情况常常是工程商不但在施工合同条款上要承担售后质量保证责任,而且需在工程顺利验收后留滞 5% ~ 10%,甚至更多比例的"工程尾款"在最终用户处,直至质保期结束。

现代化视听建设为主题的智能会议室工程中,网络环境的常常是是楼宇中已经具有的,即使是在新建的楼宇中的某些会议室进行会议室建设,更多的时候视听包是分属于弱电包的,因此,整个楼宇的网络综合布线的施工和验收往往与视听系统集成的工程商关系不大。这个时候,在进行会议室信息点的铺设时可以在楼宇综合布线时提出,对于旧的楼层则要通过与楼层管理人员沟通进行点位的追加,追加的布线要符合工程规范。

在大屏幕投影建设的视听环境中,还有一个需要注意的地方,就是音视频信号相对复杂,双绞线的使用不仅仅作为网络信息点,还有很多线路是作为音视频压缩传输,设备控制信号传输和局域网络设备通信而存在,对此类布线要明确使用方式,在验收交付时必须保证甲方至少有一名维护人员可以区分不同类型的双绞线的用途,以免在正常维护时造成系统的不正常使用。

如果工程商仅仅承包了视听分包,那么在征求了甲方的意见后,会议室的布线的验收可以在系统联调后进行,设置可以最后系统验收时一并进行。这是因为单独几个会议室和设备间的布线量较整个楼宇要小很多,而且布线分类和需求明确,对于很多音视频线缆并没有专用的仪器进行性能测试,在整个会议系统运行中的信号切换和设备控制的功能轮换中就可以更好的显示其效果。目前,布线的施工与验收相对简单。但是随着信号的发展和网络化会议系统的普及,各种广域网的音视频应用也会对会议室建设提出越来越高的要求,只有严格遵照相关的布线规范,才能将系统的性能发挥到最佳状态,从而减少和避免不必要的维护量。

第7章

案例分析

7.1 项目过程分析

一个现代化的视听系统,除了能很好地实现具有用户要求的功能外,需要具有以下几个特点:

(1) 多设备协同工作的稳定性。

(2) 系统操作的智能化。

(3) 对数字会议和多媒体设备良好的扩展性。

一个项目签订合同后,需要经历系统分析设计、现场实施、验收后的售后服务3个过程。

设计者在系统设计中,首先进行需求分析,分析出哪些是合理需求,哪些需求可以合并,哪些需求不合理,需要引导和改进,这个过程往往在和用户进行需求洽谈的时候同时确定;第二步,在拿到经过双方共同议定的需求后,要进行功能的论证,主要是对中央控制系统的一级控制进行可行性分析,进行功能拓扑图的绘制,原则是要确保良好的功能扩展性;第三步,对设备进行选型,设备选型后进行设备连接拓扑图的绘制,进行论证,此过程也是线材采购量统计的出处。选型原则是要综合考虑用户的预算,尽量选用国际和国内的大品牌,接口数量保证为用户提的常用接口数量的 1.5 倍 ~ 2 倍,以保证良好的输入输出扩展,关键设备保证有冗余电源,并且设计性能可以实现 $7 \times 24h$ 连续使用,以保证系统的稳定性;在系统设计中,如果是配合投标过程,则需要在技术标书中对比招标文件系统的要求,明确系统所能够达到的指标,做出可以实现需求功能的系统的拓扑图,列出重要设备的功能参数等,只是需求来源和分析过程的差异,系统设计是整个项目中具有指导性的环节。

一般来说,合同签订后一到两个月的时间属于设备采购期,根据项目情况可以提前。采购时间主要取决于集成产品的进货渠道和定制产品的制作周期。其中,如果没有需要时间很长的进口设备的话,最先采购的应该是线材,线材到位后就可以运抵现场进行布线。如果同时承接装修工程的话,在装修设计中要加入为大屏幕投影和会议系统的接口和布线图,并明确在电路改造和装修中的注意事项,如果装修工程有其他团队负责,则需要给装修施工方提供布线图和重要设备安装点位图,以便提前进行挖槽布线,并在装修施工过程中及时沟通,以保证埋管以及吊架,预埋件等的安装工作准确无误。现场装修和布线完毕后,设备就可以运往现场进行集成工作了。

技术实现中最重要的阶段就是项目现场实施,这个阶段是整个系统从无到有的过程,所有设计的功能和逻辑在这个过程进行实现和性能验证。系统的主要设备都到场后便可以上技术人员开始实施。这个阶段包含了线材的制作,设备的安装,系统的连接,设备上电测试和控制程序的编写调试,在人员数量允许的条件下进行统筹和有效分工可以更好地保证施工进度,在现场临时雇佣人员进行配合工作可以有效的降低成本。

硬件系统集成的项目实施过程往往会受到用户的影响,现场技术人员在这个过程中要不断地与用户沟通,在保证合同功能实现的同时,对用户追加的功能和目前模棱两可的功能即时的进行成本评估,在系统和成本允许的条件下进行功能的改动和实施,帮助客户实现合同功能是一种责任,根据用户追加的容易实现的合理的需求可以对系统进行适当的功能增强,超出系统和成本承受力的需求则要坦诚相告,必要时要诉诸商务处理。

系统建设完成后用户会有一段时间的试用期,试用期后则要促成项目的验收。往往按照人们的理解,验收后项目就算完成了,实际上售后服务也应该属于项目的一个过程。按照合同,售后维护从验收开始,技术人员应该在系统建设完毕后提交给用户设备连接图,接口连接记录,系统使用培训等文档,并用作公司维护升级的参考。

下面的章节以两个项目为例,完整讲述大屏幕投影系统集成项目的实施过程(不包含售后),通过这两个项目,技术人员便会对整个大屏幕投影系统集成有了更加深入的了解,重点是对项目的技术实现过程有一个更好的把握。

7.2 某企业双通道融合拼接项目

7.2.1 项目需求

用户提出的需求较为简单:希望将办公楼东边的办公室改造成为大屏幕投影会议室,屏幕能达到 5m 左右,能够投影图形工作站双屏输出的信号,可以使用外接笔记本进行汇报和研究,具有基本的会议发言功能,有音响系统、灯光、音量和信号切换能够集中控制,提供了房间尺寸描述。

经过沟通,整理需求并设计了系统功能,得到了用户的认可,需求描述如下:

(1)双通道投影系统,支持单画面,双画面显示,支持分辨率从 1024×768 到 1920×1080 的计算机信号,支持画中画窗口的开启。

(2)支持 6 人以上会议发言的会议。

(3)具有一个笔记本输入接口,能够对灯光、音响进行集中控制。

7.2.2 系统设计

1. 总体设计

根据用户提供的房间尺寸,投影环境的房间尺寸为 6.5m×13.0m 的规则尺寸,顶高 2.8m,设计双通道投影采用背投方式,搭建一个背投间。采用这种投影方式的原因有如下几点:

(1)由于房间顶高不足 3m,如果采用正投方式,人站在屏幕前方时会产生较为严重的光线遮挡,影响会议效果。

(2)环境空间为较为狭长,同时了解到工作环境的使用人员较少(20 人左右),与会坐席不多,有足够的空间建设背投间。

(3)会议室没有类似于拐角或侧室等适合能够放置机柜的空间,机柜可以放置于背投间,使会议室内环境更加整洁。

下面对系统一级控制功能进行分析,主要是明确整个系统的功能组成,进而确定所需设备数量和类型,如图 7-1 所示,此工作对公司的采购预算也是必

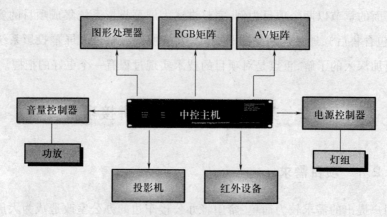

图 7-1　中控主机控制功能示意图 1

不可少的。

　　根据系统的逻辑功能拓扑图,可以很容易看到需要中控主机需要控制的设备或设备组合,进而可以确定中控系统的规模,从而指导中控系统接口类型和数量的选择。

　　拓扑图中不需要画出所有设备,没有画出来的设备都是非受控设备,有些与中央控制系统相对独立,如无线话筒,可以仅仅通过接插件实现自由的增加和减少,而不影响整个中控系统的逻辑功能,有些是直连设备,如音箱,系统中一定会有,只要与功放功率匹配(见附录功率匹配),能够提供适合的音效即可,有些是必要的附件,如投影机吊架,如果进行吊装必然要采用,这些都不会对中央控制系统的功能产生影响。整个系统从技术角度讲可以分为几个部分:

　　(1)音视频处理系统:负责音视频信号的传输和处理,包括音频的切换、混音、滤波、反馈抑制的处理,计算机信号的切换、传输处理,多窗口以及画中画的处理等。

　　(2)电源控制系统:负责灯光、设备电源的时序控制。

　　(3)数字会议扩音系统:负责会议发言和最终声音的展现以及音量的控制。

　　(4)设备附件:负责物理连接和设备调整,如墙上面板、桌面接口、投影机调整机构等。

　　2. 设计要点

　　在整个系统中,背投间的尺寸设计取决于投影机的投影距离比和投影幕的尺寸。投影幕按照双通道 1400×1050 物理分辨率,融合区 256 像素设计,采用背投软幕,增益0.8。根据现场环境和与用户的沟通情况,设计平面有效尺寸为:4.85×2.00m,投影幕墙设计如图7-2所示。

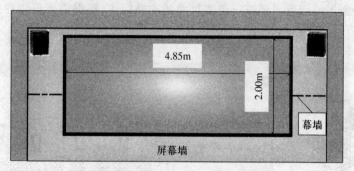

图7-2 屏幕安装及布局设计示意图1

虽然房间是狭长形,有足够的空间进行背投间的建设,但是也要本着节省空间的原则进行设计。此工程中选择的投影机所配镜头的投影距离比是(1.35~1.8):1,按照预定投影区域尺寸,投影出射点到屏幕的垂直距离应该为3.6m~4.8m。本设计为了把背投间尺寸压缩到3.5m以内,采用了一次反射系统,通过一次反射有效地增长了投影的光程。图7-3所示为背投间一次反射投影光路图,用于验证背投间尺寸和指导一次反射镜的调整。光路要严格按照反射定律,不能只用眼睛估计,以保证精度。需要注意的是投影机的位置越低,同样背投距离下的光程越大,但是不能忘记投影机的固定装置需要有高度,以免理论上可行,而施工无法进行。

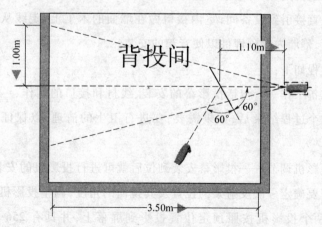

图7-3 背投一次反射系统设计示意图

由背投间一次反射光路设计图可以看出,3.5m的空间足够进行投影建设,也为设备机柜的存放和维护人员留出了空间。

最后,就可以完成整个会议室的布局和接口布线图了,主要图纸见图7-4~图7-8,这些图主要用于与用户的最终沟通和后期的系统建设备案,如果要指导施工的话就需要进行位置尺寸的准确标注,根据需要可以在此布局的基础上进行各种线路的布线设计。

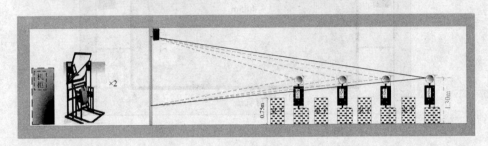

图7-4　环境使用模拟(侧视图)

控制线路之所以敷设较少,是因为大多数控制设备在机柜内部,不需要进行长距离走线,在进行设备上机柜后在进行内部连接即可,灯光的控制由于受控于电源控制设备,电源控制设备位于设备间,只需要将灯光的火线回路引入电源控制器即可。

7.2.3　现场实施

由于会议室是已有办公室改造而成,因此要尽量避免破坏已有的装修,幕墙在原地板上搭建,具有承重力,按照屏幕的外框尺寸镂空,镶边即可。灯线由原空气开关直接引到设备间,室内接口做在墙面的木工上,走线从包墙的后面引到背投间,幕墙内置预埋件以便音箱的安装。

整个过程如下:

(1)准备工作——包括投影幕的安装、线材和接口的制作、一次反射架的组装等。这个过程结束后,如果需要,要进行卫生的清理,以保证设备进场的环境。

(2)投影机调节——投影幕安装到位后就可进行投影机的安装和粗调了,这个过程需要确定一次反射架的位置及其镜面的角度,调整投影机的位置和焦距,以保证两个投影机按照预定位置投影到屏幕上,并具有256个像素的重叠区。

(3)设备上架,功能调试——按照设备功能和控制逻辑将设备合理地部署在机架上,对设备进行独立的上电测试,测试功能是否正常,使用测试信号源对

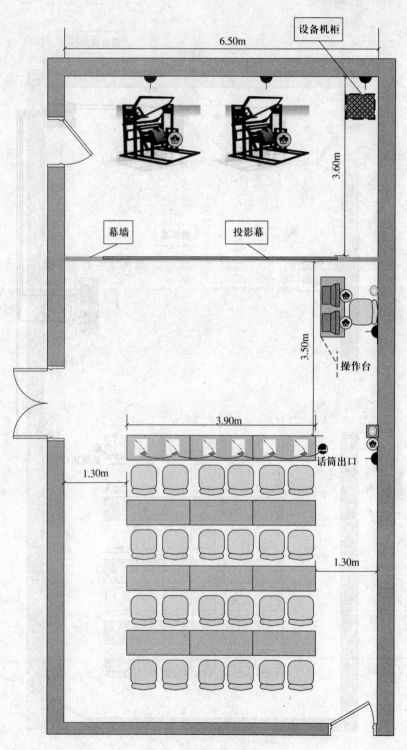

图 7-5 平面接口图 1

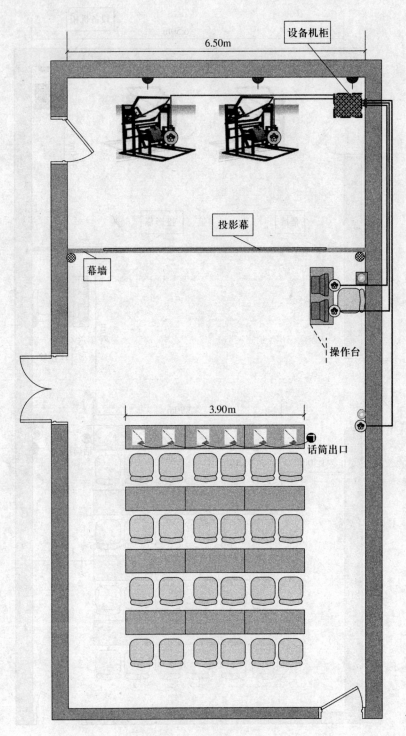

图 7-6　视频线路图 1

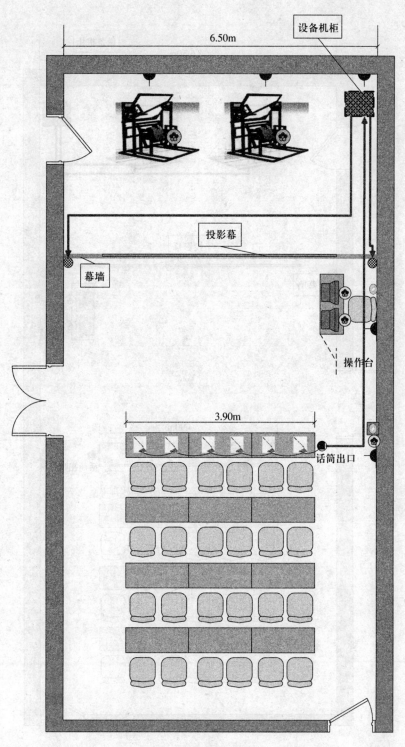

图 7 - 7　音频线路图 1

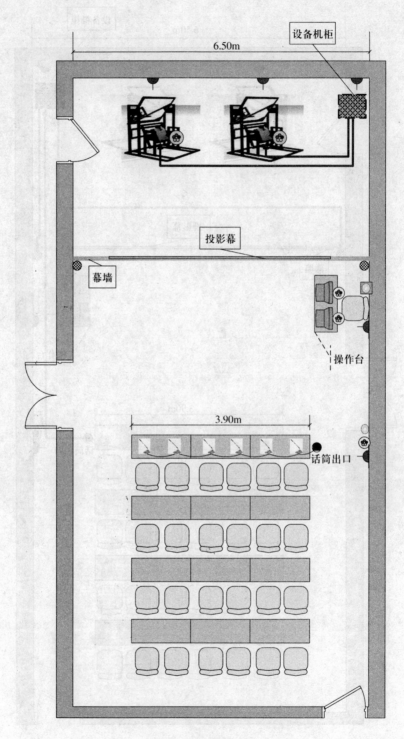

图 7－8　控制线路图 1

系统进行测试,保证音频和视频处理设备均能够正常工作。如果各个设备能够达到预想效果,可以通过手工切换和控制各个模块的方式模拟系统运行的几个操作、音响、墙面接口、电源等线路可以在这个阶段就固定下来。

（4）线材连接,完善程序——按照预想的功能,参考程序逻辑对设备所有线材进行连接,能够使用合适的成品线最好,仍然会有一些线材是根据设备间距离现场制作的。各种线材连接完毕后,就可以对中控系统的程序进行上传,进行系统测试。中控系统的程序界面和设备控制程序一般在设备确定后就可以开始编制了,在现场只需要根据现场具体情况对端口进行改动和完善即可。如果有红外设备,需要对红外控制进行学习,本工程使用了一台 VCD 进行影片的播放,其控制被学习到了中央控制系统中。

（5）系统联调——对系统进行上电测试,在交互界面上对预想的功能进行逐一测试,观察系统运行状态是否正常。如果不正常,首先检查程序逻辑,再通过程序检查对应端口的线材连接是否正确。这个过程也是系统中细节故障排查和处理的过程。

7.2.4　项目结果

系统运行稳定便可以通知用户,将系统交付使用,这个时间内要对用户进行使用培训。用户在使用过程中,对基本的操作有了很好的了解,并认为可以满足目前的工作和研究需求,在一段时间的使用后未对系统提出其他改进建议。项目在 1 个月后顺利验收通过,图 7 - 9 为现场的实施后效果。

图 7 - 9　双通道背投会议室效果

7.3 某研究院三通道融合拼接加
虚拟现实投影项目

7.3.1 项目需求

用户在一栋新建的楼层中划出一间会议室,作为专业研究和会议汇报场所,用户经过了领域内多家服务商的调研,对电子产品较为了解,因此提出的需求较为详细。

用户希望能够将一面墙作为投影显示区,支持单信号大屏幕显示和多信号共同显示,在旁边设备间两台 Linux 服务器,会议室前端有台 Windows 演示机,均可以接入投影,能够在会议室的不同位置接入笔记本信号。能够进行一个单通道虚拟现实投影,虚拟现实投影时在两侧辅助两台进行平面投影的投影机。会场能够支持数字会议,开会时能同时支持 6 人以上话筒发言,有会场发言人的摄像,可以在两侧的液晶电视上播放,并且液晶电视可以和大屏幕信号同步。在进行典礼活动或开会之前能够播放背景音乐,在节日或其他场合能够进行高清影片的播放。

通过与用户的沟通,总结了用户的需求,整理出来有以下几个方面:

(1)建立三通道平面投影,能实现大屏幕独立画面投影,双画面和三画面屏幕组合方式。

(2)能够进行画中画窗口方式投影,各窗口均能支持 1920×1080 分辨率输入。

(3)在屏幕中央实现虚拟现实投影,物理分辨率 1400×1050,辅助投影分辨率不低于 1024×768。

(4)能够支持会议发言,并满足多媒体汇报和研究学习的需要。

(5)能够进行高清(1080p)影音播放,支持背景音乐自动播放。

(6)对用户已经采购并计划安装的液晶电视信号进行控制。

(7)会议室前后各安装一个专业会议摄像头,配合会议使用。

(8)在会议室不同位置留有笔记本接入口。

(9)通过触摸交互界面进行灯光、音响的控制。

用户对某些设备的型号和数量提出了明确的要求,在不影响系统实现的前提下,在设计和产品选择上采用了用户的建议。

7.3.2　系统设计

1. 总体设计

房间尺寸为 9.0m × 14.4m 的规则尺寸,吊顶后顶高 4.0m,采用正投方式,投影机吊装。采用这种投影方式的原因有如下几点:

(1) 会议环境需要容纳人员较多,不适宜建设背投间。

(2) 房间顶高较高,投影机位置可以很高,通过镜头调整投影到屏幕上,人在屏幕前方的活动不容易出现遮挡的问题。

(3) 由于兼做虚拟现实投影环境,共用投影幕,满足立体投影要求的大尺寸正投金属幕相对成本较低,而且可以做到整张屏幕没有拼接。

针对客户的需求,系统设计如下:

(1) 设计"三通道融合系统"及"单通道虚拟现实 + 双辅助投影"系统,虚拟现实采用被动式立体技术,投影机独立使用,双系统共用投影幕,能够各自独立运行。

(2) "三通道融合系统"具备多屏投影方式和画中画功能,系统能够接入多路计算机信号,支持成果汇报和各种研究决策会议。

(3) 采用专业数字会议音频处理系统,配合摄像头跟踪系统。

(4) 使用中央控制系统进行声音、灯光、电和相关设备的控制。

(5) 人机界面设计两个子系统:三通道投影系统和虚拟现实投影系统,信号独立控制,环境控制中具有点歌界面,能够实现背景音乐单曲播放功能。

接下来是分析系统功能,以明确控制规模,如图 7 - 10 所示。

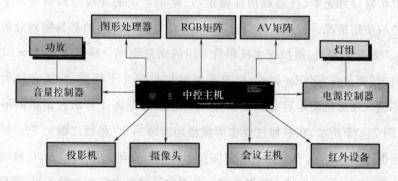

图 7 - 10　中控主机控制功能示意图 2

在此项目中,仅直接受控设备就将近 20 个,RS - 232 串口控制设备多于 10 个,因此需要增加串口扩展模块。由于具有摄像头自动跟踪系统,会议主机还会给主机发信号,摄像头自动转向发言人就是通过这个连接来实现,因此,中控主机和会议主机的控制信号发送是相互的。红外设备是一个音乐播放器,用户常用的背景音乐刻成了一张 CD,作为播放器的常驻光盘。

2. 设计要点

在整个系统中,投影屏幕仍然是首要确定的,考虑到用户想要整面墙作为投影区域的要求,设计投影幕的有效尺寸为 8.58m×2.34m,加上 6cm～8cm 边框和墙体装饰,基本可以充满整面墙,三通道投影机的物理分辨率为 1024×768,每个通道融合区 128 像素(融合区设计有些小,目的是为了使屏幕同样高度下更宽一些),材质为金属硬幕,增益 1.0。金属幕的增益一般都比较高,之所以要控制到 1.0,是为了保证融合效果的实现。

投影幕墙设计如图 7－11 所示。

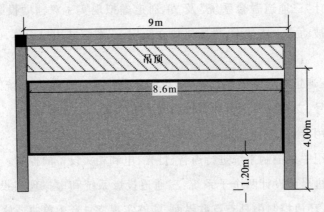

图 7－11　屏幕安装及布局设计示意图 1

投影幕设计完毕,投影机指标确定后,整个系统的环境布局就确定了。根据用户的使用情况,三通道投影和虚拟现实辅助投影使用的都是物理分辨率为 1024×768 的工程机,虚拟现实投影机采用的则是物理分辨率为 1400×1050 的工程机,亮度都在 6000lm 以上,具有很好的抗自然光干扰能力,适合较大的会议室环境。投影机确定后就要根据其镜头的投影距离比算出投影机的吊装位置,如图 7－12 所示,在装修过程中需要提前安装吊架(吊顶之前)。

根据用户的要求,在会议室的前端和中部都要有笔记本的接入口,前端一侧有一台 Windows 演示机接入投影系统。由于会议室旁边有一个设备间,两台计算机放置于此,还有较大的空间,因此,可以作为机柜的存放处,机柜位置即为所有线路的汇聚点。会议室接口布局示意图和布线主要参考图见图 7－13～图 7－17。

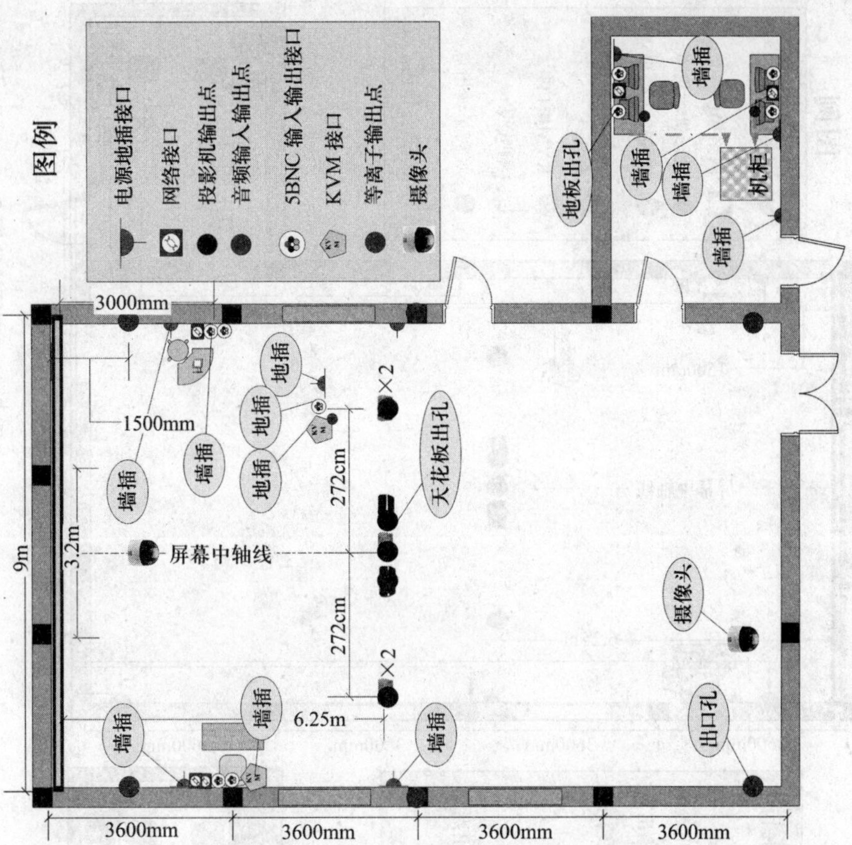

图例

电源地插接口	▼
网络接口	⊡
投影机输出点	●
音频输入接口	●
5BNC 输入输出接点	⬟
KVM 接口	⬟
等离子输出点	●
摄像头	●

3000mm

1500mm

墙插

3.2m

9m

屏幕中轴线

地插

地插 地插

墙插

地插

天花板出孔

×2

272cm

272cm

×2

6.25m

墙插 墙插

墙插

出口孔

摄像头

地板出孔

墙插 墙插

机柜

墙插

墙插

3600mm　3600mm　3600mm　3600mm

图 7-13　平面接口图 2

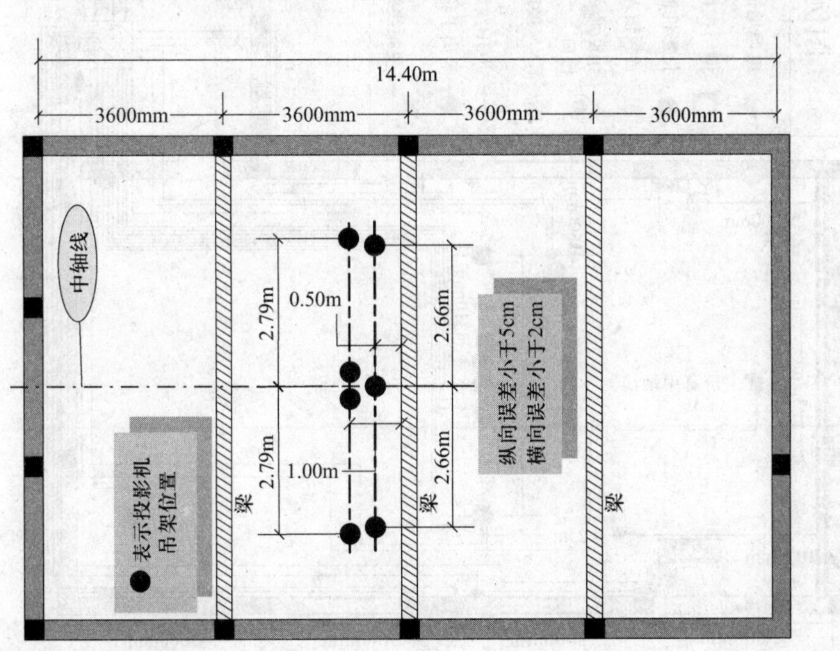

14.40m

3600mm　3600mm　3600mm　3600mm

中轴线

表示投影机吊架位置

梁 梁 梁

2.79m

0.50m

2.66m

2.79m

1.00m

2.66m

纵向误差小于5cm
横向误差小于2cm

图 7-12　投影机吊装位置图

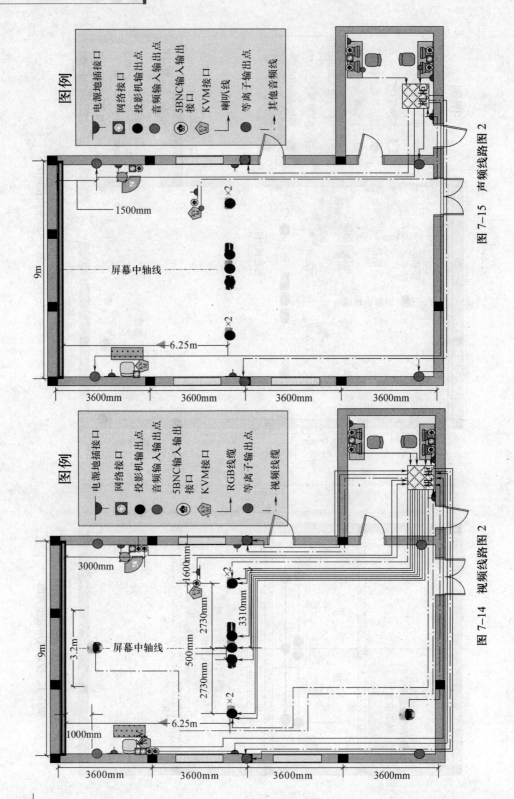

图 7-15 声频线路图 2

图 7-14 视频线路图 2

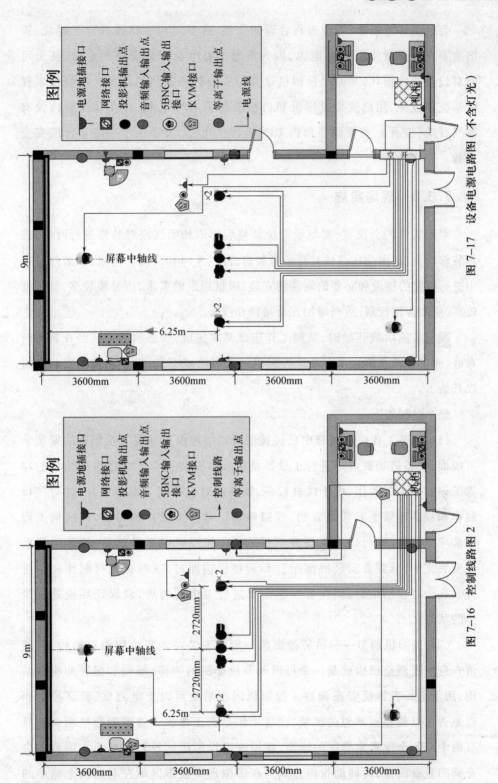

图 7-17 设备电源电路图（不含灯光）

图 7-16 控制线路图 2

会议室灯光较多,需要进行合理的分组,这里对楼宇建设进行了建议,提出重要设备尽量使用 UPS 电源,因为突然的断电会降低设备的寿命,甚至可能对设备造成损坏,尤其是投影机这类需要预热和散热的设备。本会议室视听系统建设中,用户就为投影机和机柜准备了 UPS 电源,并在会议室内设有空气开关(空开),重要设备都由 UPS 电源供电,大大增强了系统运行的安全系数。

7.3.3 现场实施

对新装修的会议室,要尽量避免装修后再追加明线或对装修进行改造,破坏装修的美观,因此在设计时要参考装修进度,及时和装修方沟通,在装修过程中进行线路的铺设和必要的附件的安装,根据用户的需求,信号源较多,复杂度较高,更要合理规划,适当增加冗余接口和线路。

现场实施阶段开始时,装修工作应该基本完成,线路的管道已经在装修时布好,固定音箱支架的预埋件及投影机吊架都已经安装,投影系统的安装就可以开始了。

整个过程如下:

(1) 准备工作——装修中已经按照幕墙的建议尺寸留下投影幕的安装承重墙面,设备进场就可以进行正投影幕组装和安装工作了。之后是线材的穿管工作和接头的制作,由于线材较多,线路的对应标记一定要做好,这对接口制作和设备连接是非常重要的,线路做标记是一个良好的习惯,在任何工程中都应该保持,这可以大大提高工程效果。投影机由于是吊装,顶部吊架已经安装完毕,只需要安装底部吊杆和调整机构即可,这些在线材制作完毕进行。这个过程结束后,同样要根据需要进行卫生的清理,以保证环境处于少尘的状态。

(2) 投影机调节——吊装投影机一般要安装在六自由度调整机构上,所谓六自由度调整机构就是一个可以调节投影机的俯仰、倾斜和偏转的机械结构,用于进行投影机姿态调整。投影机固定后就可以上电测试,验证投影画面是否可以调整到预想的区域,设备工作是否正常。三通道投影机粗调至具有两个 128 个像素重叠区的画面,虚拟现实投影机的投影区域为在屏幕中央充满的重叠图像,其辅助投影分别为在虚拟现实投影区域左右的两个略小的屏幕。

（3）设备上架，功能调试——将设备合理的部署在机架上，对设备进行独立的上电测试。本项目中设备较多，可以对设备进行一定程度的连接后，再按照通简单的通路进行测试，这样出现问题易于排查，也可以降低最终系统连接的工作量。测试计算机信号源是否正常的通过投影机出射，有没有偏色，衰减，干扰现象的存在，摄像头上电，检查图像是否正常，能否切换到液晶电视上。音响系统中，采用了 4 个音箱，挂于会议室 4 个角，检查是否均有声音输出，音量调节是否正常。这个过程中将音响，墙面接口，电源等线路固定下来。

（4）线材连接，完善程序——按照预想的功能，参考程序逻辑对设备所有线材进行连接。之后可以对中控系统的程序进行上传，完成系统测试。本工程使用了一台数字音频播放器进行背景音乐的播放，本身具有一个红外遥控器，通过红外学习，中控主机学习了其按键的指令，要实现交互界面上直接点播，需要对按键进行组合触发，如人机界面上第一首歌是国歌，选中此曲相当于在程序中让中控主机向播放器发送"0 – 1 – Play"的组合时序命令。在中央控制系统的软件逻辑实现中，很多都是多种命令的组合方式实现的，这样才会实现多设备的智能联动，真正的体现中央控制系统的智能化。

（5）系统联调——系统物理连接和软件实现完毕后，对系统进行上电测试，在交互界面上对预想的功能进行逐一测试，观察系统运行状态是否正常。

7.3.4　项目改进

经过对用户的简单培训，整个系统可以交付使用了。正常情况下，用户预想的功能能够按照合同的约定实现，经过一段时间的稳定性测试后就可以验收了。本项目中，用户对系统的应用提出了更改需求，希望增强多媒体播放的功能。这里已经为三通道大屏幕提供了一台能够提供高分辨率信号的工控机，显卡能够支持 H.264 硬件解码（H.264 编码介绍见附录），可以播放 1080p 的高清影片，用户仍然建议支持蓝光播放，并在设备间中增加一台监视器，能够将摄像头的信号在监视器上显示出来。同时，用户希望会议汇报时使用的音响可以按照现有方式在播放高清影片时能够营造四声道的环绕立体声效果。所增加设备的费用由用户支付。

　　作为系统集成者,很多客户的要求是合理的,即使功能超出合同范围,也是要尽量满足的,用户提出的要求确实可以很大程度上增强了多媒体播放方面的功能,虽然有一定的工作量,但不会引起对系统大的改动,是合理和适当的。

　　对线路进行一定的改造之后,通过矩阵接出了一路摄像头信号到监控器,配合程序进行了修改,人机界面上提供了两种音频模式的控制,在高分辨率信号工控机上加了5.1声道的专业声卡,集成了蓝光播放器,在播放影片时可以一键切换到环绕立体声模式,得到了用户的认可。

7.3.5　项目结果

　　两个月后项目顺利验收,受到了用户的一致好评。在后期的使用过程中,各个科室都能够根据系统的功能组合出适合自己的使用方式。虚拟现实系统用于立体软件研究和培训,三通道投影系统用于多人汇报、决策以及协同工作,在典礼,宣传教育活动时也能够发挥很强大的多媒体功能。图7-18为会议室最终的使用效果。

图7-18　三通道正投会议室效果图

7.4 项目常见问题及解决方法

1. 信号直接连到显示器上没问题,接到投影机上不能显示

首先应该通过标准分辨率测试显示情况,可以使用分辨率 800×600,1024×768 在 60Hz 刷新率下进行测试,这两种显示制式目前的投影机都可以支持,如果可以正常显示,说明是分辨率问题。一般投影机都可以支持包含物理分辨率在内的若干分辨率,对一些特殊分辨率有可能无法显示,另外刷新率过高(80Hz 以上)也有可能导致无法显示,与投影机的性能有关。需要注意的是,即使是可以显示的分辨率,如果不是物理分辨率,也有可能出现不能充满等情况,这是由于投影机对非物理分辨率进行差值造成的。

如果所有信号都不能显示,就要检查投影机的输出信道选择是否在对应的信号源输入上。很多投影机都有视频,计算机等多种接口,如果连到了 VGA 接口,就应该选择投影机的 VGA 通道,在视频通道是无法显示的。投影机在本通道没有信号源输入的情况下一般显示为背景颜色(如蓝色,可以在设置中进行修改),而且会提示正在寻找信号,如果没有提示,信号源又是设置在可以支持的分辨率的情况下,只有两个可能,一个是信号源已经休眠,另一个是信号线断路。

2. 信号通过 RGB 矩阵输出到投影机上,某些分辨率下显示不正常,但直连投影机正常

这个问题一般出现在矩阵上,由于如果不是所有的分辨率都显示不了,应该不是矩阵故障。产生此问题的原因一般在于由于 RGB 矩阵将 VGA 信号分到了 R,G,B,H,V 5 个信道进行同步传输和切换,为了减少远距离传输可能造成的衰减内部也引入了增益处理。决定图像能够正常显示的关键在于行频(H)和场频(V)信号,如果这两个信号在经过增益以及传输产生一定的衰减后电压值产生一定的变换,那么就可能造成行、场信号的不同步,引起显示不正常。常见的有条纹、抖动、滚屏等现象。

此问题的关键,在于对行场信号的稳定,通过外接一个 VGA 或 5BNC 分配器再输出到投影机上,一般可以解决问题。当然,选择好的矩阵是个重要的前提,可以减少此现象出现的概率。

3. 信号源在开机状态下换了一台显示器后正常显示,但重启后不能调整到原分辨率

正常情况下,各种显示设备都有个叫 EDID 的东西,这个东西用于记录相关制造商的信息以及运行相关的数据,一般用 128 字节的数据块记录制造商名称、型号、显示器尺寸、显示器支持的各种时钟频率、像素映射数据(仅限于数字显示器)。由于 EDID 的存在,显卡在与设备进行通信后会识别硬件,并调整可以设置的分辨率范围。

在不重启的情况下更换显示器,如果是 VGA 接口,就会出现如下现象,如果显示器可以显示,但是 EDID 没有此分辨率,那么更换时由于 VGA 接口在重启后才能更新设备,所以它会把原信号继续输出到显示器上,而重启后有可能此丢失分辨率,因为设备已经变更,系统按照新的设备重设了显示分辨率设置范围。

4. Windows 系统中拖动窗口有延迟,接到 CRT 显示器也是如此

此现象一般是由于显卡驱动没有正确安装或驱动损坏导致,一般安装正确的驱动后可以解决,有时 Windows 会自动为显卡安装驱动,但不是最佳匹配,最好安装设备的最佳驱动来进行更新安装。

在 CRT 上显示刷新率要能够调整到 70Hz 以上,人眼才能不感到闪烁,如果是液晶显示器,刷新率 60Hz 即可,直接接投影机的话 60Hz 也能够满足视觉要求。

5. 在运行 3D 游戏时,显示屏上的图像鼠标延迟,图像有在水里的感觉

如果仅仅是运行个别 3D 程序或游戏时出现此问题,应该不是鼠标问题。

最常见的是显卡驱动问题,在运行要求显卡渲染能力的游戏时会出现鼠标发飘的现象,可能有以下原因:

(1)显卡驱动没有安装最匹配的程序,而是用 Windows 系统自动安装的,导致显卡性能受限。

(2)显卡没有开启 OpenGL 和 DirectX 渲染

(3)游戏中如有渲染模式的选择,请选择 OpenGL 或 DirectX,默认可能是软加速,即 Software 渲染,游戏跑起来会卡,像在水里一样。

(4)网络游戏可能会由于网络阻塞导致图像卡,造成延迟。

6. 投影机投射出的图像偏黄或其他颜色

首先将信号源直接连到显示器上以确定信号源是否正常。如果信号源没有问题,一般是由于投影机接线的问题,可以通过画图或其他工具,在屏幕上画红,绿,蓝 3 个矩形框,正常情况下应该是其本色,如果丢失则为黑色。图像发黄一般是蓝色丢失,发紫是绿色丢失,发蓝是红色丢失,引起原因一般是对应的颜色芯线断路,可能是虚焊或者接触不良造成的,应检查连线上是否有弯曲或折断的插针,如果插针受损,立刻更换连线。

如果是使用时间较长的投影机(1 年以上),可能是液晶板尘土过多,液晶板老化(LCD 投影机),灯泡寿命降低都可能引起偏色,由于工程中大都使用新的投影机,所以这在工程建设时很少遇到。

7. 投影机图像失真或抖动,偏色动态变化

此种情况一般是由于投影机引起的,按投影机键盘上的菜单键,选择显示菜单下的全部重置,如果仍不能解决色彩问题,可能是由于突然断电等原因造成了灯泡或色轮(DLP 投影机)等关键部件的损坏,更多的情况发生在已经使用了很长时间的投影机上。需要投影机厂家进行维护和关键部件更新。

8. 通过功能键将笔记本的输出端接到投影机后没有图像,显示器也没有

一般来说,笔记本具有功能键(Fn)组合按键,可以将空闲的 VGA 信号输出到其他显示设备上。但在某些时候,笔记本通过对扩展口的设备识别后,认作是两个显示器,通过 Fn 组合按键就不一定能够切换出去。在这种情况下,首先要保证接线良好,然后尝试如下操作:

(1) 在桌面单击右键,选择属性,在弹出的对话框中选择"设置"选项卡,看视窗中是否两个显示器都呈亮的状态,如果不是则选中另一个显示器,勾选"将Windows 桌面扩展到该监视器上"。下面的对应分辨率是可以调节,调节到合适的分辨率,应用即可。

(2) 如果不显示或显示后不是用户想要的方式,进入 NVIDIA(ATI 等)高级选项,设置多个显示器,可以更改为复制模式或其他模式(水平跨越,垂直跨越等)。注意刷新率要定为 60Hz。

9. ATI 显卡一拖二显示器,将显示扩展到液晶电视的桌面后只显示桌面壁纸

参照上例中所述,双头输出的显卡可以在高级设置中设置不同的方式。直接通过勾选"将 Windows 桌面扩展到该监视器上"实现的情况一般会是双屏独立模式,可以按照以下方式解决:

进入 ATI 控制面板(如果没有,请安装匹配的驱动,不要用 Windows 自动安装的驱动,否则可能没有 ATI 控制面板),找到"设置多个显示器",可以按照需要更改为复制模式或其他模式(水平跨越等)。

10. VGA 转 5BNC 线缆对接后作为 VGA 线使用不显示

5BNC 线缆,是按照 R,G,B,H,V 5 个信号的芯线和其对应的屏蔽线为一组分为 5 组进行传输的,VGA 转为 5BNC 传输,是为了通过同轴线缆的传输,延长信号的传输距离。

在工程中,多数情况下是使用 75 - 2 以上的 RGB 线缆制作 5BNC 线缆(视距离而定),计算机显卡出口使用 VGA 转 5BNC 线缆之后可以与定制的线缆对接或者通过矩阵等设备进行连接。VGA 转 5BNC 对接的情况可以出现在某些没有合适长度的 VGA 线缆的情况下用作替代品的场合,有些浪费,但对接可以检查线缆的质量。

如果出现两条 VGA 转 5BNC 线缆对接后没有图像,如果不存在接触不良的情况,问题可能是出在行频和场频线缆上,可以尝试行频和场频线缆进行交换一下。一般来说,首先应该确定单个 VGA 转 5BNC 线缆是没有问题的,可以通过信号源直接通过此线缆接投影等设备确定,这样也就确定了行频场频对应的线缆。出现此问题多是由于厂家线材标准不统一造成的,一般来说,R,G,B,H,V 跟信号线对应的是红,绿,蓝,白,黑,有些厂家的线缆没有白色,使用黄色替代,而有些厂家的线缆的黄色传输的是场频,黑色是行频,在实际使用中加以留意即可。

11. 投影出的图像对比度差,尤其字体边缘发虚

如果将投影机换成显示器依旧出现此现象,而本地直接连到显示器是清晰的,说明是由于长距离信号传输造成的衰减已经比较严重地影响到了显示。分辨率越高,这种现象越明显,造成这种现象的原因是长距离传输会带来信号的上升和下降时间增长,到一定程度就会造成图像突变边缘的模糊,如图 7 - 19 所示。

解决此问题的方法一般有 3 种,一是减少传输距离;二是提高线材质量以减少损耗;三是引入信号放大器或长线驱动器等设备,在前端进行增益提升或在后端进行信号放大。

12. 使用过程中突然关机

投影机在使用过程中突然处于关机状态,如果排除了人为故障,那么投影机很可能是处于过热保护状态。目前很多高档投影机为了有效延长投影机的使用寿命,常具有过热保护这一功能,一旦投影机内部的热量过大,温度过高的

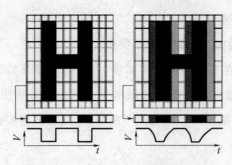

图 7-19　字体边缘模糊

话,它就会自动启动该保护状态,将投影机自动关闭。而在这个状态下,投影机对外界的任何输入控制是不起作用的。当出现这种情况时,不需要担心投影机发生了故障,只要在投影机自动关机大约 30min 后,再按照正常顺序来打开投影机,就可以恢复正常了,为了防止此种问题的频繁出现。需要在系统培训中告知用户投影机维护的注意事项,平时要注意维护好投影机,在投影机使用环境中,要特别注意灰尘的防护。另外有一点,就是投影机设备由于比较精致,所以无论发生什么类型的故障,不能随意打开外壳来检查,投影机内部也没有普通使用者可以自行维护的电子配件,特别是投影机内可能存在的高压危险,很容易对人身体造成特别严重的伤害。因此,遇到无法解决的内部故障,最好向专业技术人员咨询或发回厂商进行修理。

13. 虚拟现实投影建设中,信号源正常,但带上立体眼镜后没有立体效果

在主动式立体投影建设中,用于控制主动式立体眼镜开合的同步发射器需要和投影机的图像相配合,同步发射器需要正确的连接到信号源所在的计算机上,另外,主动式立体眼镜需要在同步发生器所覆盖的有效范围内。否则,眼镜不能正确的配合图像进行开合,人眼就无法看到立体影像。

在被动式立体投影建设中,由于没有同步发射器,立体眼镜的使用也不受距离的限制,看到立体效果的关键是偏振图像的分离。如果左右眼图像在起偏时不是振动方向垂直,而是平行,那么投影幕透射(反射)的图像就会都进入一只眼镜,导致接收到两幅图像的眼镜看到了重影,而另一只眼镜几乎看不到影像,从而没有立体感。如果没有安装起偏装置,则两个眼睛都会看到重影,即左右眼的图像,也不会产生立体感。正确安装起偏镜片的最简单的方法就是先将两片偏振片重叠起来,放到眼前看一下,能够透光则表示方向一只,将一个转动 90°,可以遮挡住大部分的光线,就说明目前两个偏振片振动方向是互相垂直的,按照此方向组合安装偏振片即可。

14. 在影片播放时声音和影像不同步

这种现象一般在一些高清影片播放时出现,可能开始时还能够同步,后来会差异越来越大。如果排除影片片源本身在制作时音频流和视频流不同步的可能,那就多为系统的解码器不够或不匹配,可以尝试更换播放器,或下载更全的解码器支持。

解码器是针对不同的音视频编码而诞生的,用于播放时的完美解码,如果所播放影片没有合适的解码器,可能会出现有图像没声音,有声音没图像,图像声音不同步,甚至根本无法播放的现象,因此,在多媒体计算机上安装能够支持高清的带有完备解码器的播放器是很重要的。

15. 无线话筒在房间某些位置没有声音

可能是由于无线话筒的电池电量降低引起的发射功率不够,而接收器相对距离较远导致无法接收到信号,通过更换电池即可解决问题。

如果接收器和话筒不在同一个房间,更换电池都没有效果的话,还有可能是因为墙体和门的屏蔽导致的信号的组合,这种情况下就应该将调整接收器的位置,如果有条件,最好放到一个房间内,以减少信号的屏蔽概率。

16. 有线话筒开启后音箱发出尖锐的噪声

话筒用于会议发言,人的声音的频率一般集中在 $90\mathrm{Hz}\sim3\mathrm{kHz}$,而人可以听到的频率高达 $20\mathrm{kHz}$,一些高频的噪声经过正反馈不断的放大会形成尖锐的噪声,尤其是功放音量较高的时候更为明显,一般对话筒的输入通道在调音台上要进行高频部分的衰减,后端的反馈抑制器的引入也是一个有效的防止啸叫等噪声的手段。

17. 专业声卡播放时在四通道的音箱中只有前面两个有声音

如果音箱已经正确连接,且音频信号按照正确的通道进行分配的话,要4个音箱都出声,还需要一个重要的保证,那就是片源具有四声道的音频信号,如果用户播放的视频不是带有四声道的高清影片,那么很有可能只有前面两个通道出声,那就是立体声的效果。

一般来说,四声道的音频的后置的两个声道的信号多为环境音效,如风雨雷电、直升机的声音等,不会特别明显,在验证音响系统时可以关掉前面的通道,播放带有四通道音频的影片以检验音箱系统并调节到最佳的音响效果。

第8章

业界硬件发展现状及行业展望

8.1　硬件技术发展现状

8.1.1　投影机的现状及发展

从投影机进入中国市场以来,一直呈快速发展的趋势,随着投影机技术的不断发展,整个产业链不断成熟,同时国家大力发展教育、政府的信息化建设,市场需求不断增加,整体市场增长迅速。

从投影技术上看,DLP 产品占据的市场份额逐渐增大,但 LCD 技术仍然占据着市场的主导地位。由于 DLP 技术与传统的主流投影技术——LCD 技术相比有着不少的优势,随着 DLP 技术的不断成熟,越来越多的投影机厂商加入到 DLP 阵营,DLP 产品的市场份额从最初的不到 10% 已经增长到超过 30%,而在全球市场 DLP 产品的市场份额已超过 40%。

随着大屏幕投影的理念越来越深入人心,中国投影机市场将越来越好,随着硬件研发水平的提高和品牌间的竞争,投影机产品的价格近两年来下降明显,以后也会呈下降的趋势。这对大屏幕投影建设而言无疑是一件好事,专业用户的需求能够在更高的性能价格比上得到更好的满足,同时民用投影机也会越来越多地被普通家庭所接受,家庭影院的建设也会越来越多,配合以智能中央控制系统,大大加速了家庭的自动化进程。

众所周知,投影机的重要指标之一——亮度来源于投影机的灯泡。从投影机的原理上来看,灯泡是投影机成像的能量源泉,其作用就是将电能转化为能量足够、满足可见光波谱需要的光。灯泡的具体性能表现跟原理是密不可分的。虽然现在投影机品牌众多,但所采用的灯泡多数是由少数几家专业灯泡厂家供货。灯泡寿命仍然是投影机发展的一大瓶颈。

就像曾经照亮世界的白炽灯泡最终被淘汰一样,随着技术的成熟和人们对自然光源的渴望,新型光源也在不断地被研发出来。比如由爱普生公司创新研发的 E-TORL(Epson-Twin Optimize Reflection Lamp)灯,它既小巧又高效,通过光线的高效聚集和投射有效地消除了光线的泄漏,并减少了光线的衍射。这个系统在椭圆形反射镜的基础上结合了一个非球面的透镜和一个半球形的镜面。这种设计使得灯泡体积很小,但光功效很高。由此看来,金属卤素灯在这些新产品不断成熟之后,在未来也可能被淘汰,像 UHP 和 UHE 这样的超高压汞灯将是较为经济和实用的选择。惰性气体灯接近自然光的光谱特征,符合人们对未来投影机灯泡的期待,无疑会成为明日之星。

最近一两年以来,在液晶显示器、电视领域频频出现"LED 光源"的概念,国内外众多品牌的投影机也开始使用 LED 光源。由于 LED 光源属于冷光源,与传统的投影灯泡相比,具有发热量低、20000h 超长使用寿命等优势。因此,使用了此光源的投影机不必像普通投影机那样使用两年左右就更换灯泡,而且可以做到体积更小、热量更低。从产业角度看,LED 光源可以认为是传统投影机金属卤素灯泡以及流行的超高压汞灯泡的新型替代品,其在投影机中的应用不亚于一次技术升级。目前,LED 光源投影机的亮度还不高,作为民用投影机还是可以接受的。随着其亮度指标的提高,相信在不久的将来,不管是民用还是专业用户,在选购投影机时都不需要再考虑灯泡的寿命带来的维护成本,投影机体积的变化也会大大推动投影机向着家庭多媒体和便携设备方向的应用发展。

8.1.2　大屏幕显示设备新技术解析

随着大屏幕的发展,各种平板显示技术也随之发展,一些新的技术也应运而生,如 OLED、SED 技术,这两种显示技术被认为是目前最先进的技术,有力地推动着显示设备的发展。

1. OLED 显示技术

有机发光显示(Organic Light Emitting Diode,OLED)技术是继 TFT-LCD

（Thin Film Transistor Liquid Crystal Display）的新一代平面显示器技术。柯达科学家邓青云（C. W. Tang）博士 1979 年发现了具有发光特性的有机材料后，于 1987 年获得了 OLED 器件设计的第一个专利。有机发光显示技术由非常薄的有机材料涂层和玻璃基板构成。当有电荷通过时这些有机材料就会发光。有源阵列有机发光显示屏具有内置的电子电路系统，因此，每个像素都由一个对应的电路独立驱动。OLED 具备有构造简单、自发光不需背光源、对比度高、厚度薄、视角广、反应速度快、可用于挠曲性面板、使用温度范围广等优点，技术提供了浏览照片和视频的最佳方式而且对相机的设计造成的限制较少。

有机发光显示技术的主要优点是有机发光显示屏不需要背光源就能够显示生动逼真的照片和清晰流畅的视频，比传统的显示屏更薄、更轻。有机发光显示屏的主要优点如下：

更薄、更轻：有源阵列 OLED 显示屏的屏幕只有 1.5mm 厚——厚度相当于液晶显示屏的 1/4 多一点。

更清晰、更艳丽：有源阵列 OLED 显示屏的刷新率比液晶显示屏快 1000 倍，更加胜任流畅、清晰的视频显示。OLED 的亮度范围远远超过人眼的观察范围，因此显示屏的亮度可以在保持影像对比度、阴影和高光不变的情况下进行调整。

可视面积更广：OLED 显示屏的观看角度比液晶显示屏大（最高可达 165°），即使在强光下仍然如此。

OLED 广阔的应用前景令低迷的 IT 业界振奋不已，例如，在商业领域 OLED 显示屏可以适用于 POS 机和 ATM 机、复印机、游戏机等；在通信领域则可适用于手机、移动网络终端等；在计算机领域则可大量应用在 PDA、商用 PC 和家用 PC、笔记本计算机上；消费类电子产品领域，则可适用于音响设备、数码相机、便携式 DVD；在工业应用领域则适用于仪器仪表等；在交通领域则用在 GPS、飞机仪表上等。

OLED 虽然已经为大多数显示屏生产商认可，并将其视为未来重要的显示技术。但是目前 OLED 仅局限于运用在小尺寸和显示量较少的产品上，如数码相机和手机。在其他大尺寸产品应用领域上，与其他传统平面显示技术比较仍无法胜出，主要的原因在于驱动有机发光体的电路所需的多晶矽薄膜晶体管成本太高。不过,现在厂商们已开始想办法将 OLED 显示屏做大。索尼推出 13.1 英寸的 OLED 试样面板、三星 SDI 推出 15 英寸全彩 OLED 个人计算机及笔记本计算机试用样品,奇美电子日前宣布已成功开发出全功能、全彩 20 英寸的全球最大的 OLED 显示屏。

业界普遍认为 OLED 的产业化已经开始,今后 3 年 ~ 5 年是 OLED 技术走向成熟和市场需求高速增长的阶段。

2. SED 显示技术

表面传导电子发射显示器(Surface-conduction Electron-emitter Display, SED)是 FED(Field Emission Displays)显示技术家族中的一员。FED 虽然在市场上失败了,但在技术上相当成功,各种将 CRT 平面化的技术都是由 FED 技术发展而来的。比如三星、三菱和摩托罗拉一直在开发的碳纳米管 FED 技术 Carbon Nanotube FED(CNT-FED)。飞利浦、日立和先锋公司也在研制类似 FED 的技术,还有就是下面要提到的 SED 技术。SED 在最初研制时也被称为 Surface Conduction Emitter(SCE),佳能公司在 1986 年开始 SED 技术的研发,从 1999 年起佳能与日本最大的半导体生产商东芝公司一起开发 SED 显示器。后来佳能和东芝共同投资组建了 SED 公司,总投资达到 18.2 亿美元。但由于专利授权方面的意见分歧,东芝退出了 SED 公司,对 SED 的发展产生了一定的影响。

SED 的基本显示原理同 CRT 相同,都是由电子撞击荧光材料而发光,但电子撞击的方式却不一样。CRT 显像管是将一个电子枪射出的电子束在偏转线圈的强大磁场下偏离原来方向,依次去轰击荧光材料。而 SED 则是将涂有荧光材料的玻璃板与铺有大量微型电子发射器即电子枪的玻璃底板平行摆放,大量的微型电子发射器就像液晶或等离子显示器的像素一样。SED 显示器的关键是微型电子发射器之间的缝隙,这个缝隙只有几纳米的宽度,在施加电压的情况下会产生隧道效应,从而使发射器发射电子,电子在电压的作用下撞击荧光材料从而发光。由于 SED 显示器不需要发射电子束,从而使厚度可以做得相当薄,目前公开的试验机型的厚度比液晶和等离子显示器都要薄。

SED 显示器最主要的特点就是对比度高,这是由它的发光原理决定的。由于发光原理和 CRT 相同,所以 SED 显示器具有 CRT 高对比度的特点,这是液晶和等离子显示器无法比拟的。目前公布的 SED 面板的对比度高达 8600:1,灰阶为 10 位。SED 不存在反应时间的问题,几乎看不到拖尾与轮廓模糊等现象。它没有 CRT 的散焦现象,视角也很大。由于不需要电子束的偏离,使显示器的厚度大大减小。和液晶相比,SED 不需要背光,所以厚度比液晶显示器还要薄,从而实现了平板化。在能耗方面 SED 同样具有优势,它的能耗相当低,42 英寸 SED 显示器的能耗比 36 英寸 CRT 电视还要低。在大画面方面,SED 显示器只需增加微型电子发射器的数量就可以轻松实现大画面。由于以上的众多特点,佳能和东芝公司准备将 SED 技术作为一个新的适应高清晰内容的平板显示器标准。

尽管在理论和样机上 SED 表现出来的影像要比液晶和等离子更清晰,但目前还很难说 SED 已经完全达到了投产水平。而且液晶在中小尺寸市场、等离子在大尺寸市场上正在逐步稳固各自的地位。同时液晶与等离子的价格正在急速下降,SED 能否得到普及,要看它是否有足够的能力与前两者相抗衡。

相信随着平板显示设备的发展,尺寸会越来越大,分辨率也可以越来越高,既可以替代无缝大屏幕,也可以有效的减少拼接单元的数量。在不久的将来,随着其价格的下降,单一高分辨率大尺寸平板显示器也将大放异彩。

8.2 行业发展前景

8.2.1 系统集成行业发展分析

目前,各行业信息化建设中软硬件平台基本都已搭建,用户的集成需求逐渐向广度和深度推进,逐渐从简单的硬件集成需求向完善网络环境、应用开发和较高层次集成服务需求发展,系统集成市场开始走向成熟;分工也越来越细,客户需求越来越专业,从而要求系统集成商的定位更细致。

各个行业信息化建设都逐渐开始向应用发展,行业应用软件的定制开发和高层次、高水平的 IT 服务将成为系统集成商的新的利润增长点。例如,金融行业信息化建设的直接目标逐渐由原来的提高业务处理效率过渡到提高管理效率和决策支持水平,更多的集成商开始为客户提供技术含量较高的应用软件和服务。电子政务竞争市场的重点也主要转到应用方面,硬件平台基本都已经建立起来,试探性的软件投入也已经完成,现在主要对以前盲目投入的软件进行升级和更新换代,开始注重软件的实际运用效果。

在国内系统集成行业,有的厂商偏重产品渠道销售,有的重视项目配套安装,而绝大多数的国内集成商都仅仅是处于系统集成链中的下游——简单的项目安装,无论是厂商还是集成商,都没有很强的大型工程的综合设计能力,这就是国内厂商和集成商亟待提高的地方。例如,奥运会的建设虽然提供了很多大工程、大项目,看起来似乎是一块很大的蛋糕,而真正最大一部分利润却都被国外的项目咨询设计商拿走了,国内厂商所做的就像拿着图纸建造房屋一样。这是产业链的最下游,最不具备竞争力。

未来系统集成市场竞争程度将越来越激烈,用户对系统集成商软件开发和专业化服务的要求越来越高,行业应用软件开发和高级服务能力将成为系统集商的核心竞争力。能否做到让客户满意是系统集成商竞争成败的关键,而建立良好的品牌,提供具有集成商自身特点的产品和服务成为争夺客户的关键。在这个过程中,国内的集成商急需吸取国外一流集成商的经验,提升自己的设计和咨询能力,与国内外具有顶级技术的产品厂商建立长期合作关系,打造独立建设一流的视听环境的资质。

视听技术的发展日新月异,从制造商到终端消费者,对于清晰度、亮度、色彩、音质等技术指标的追求始终孜孜不倦,显示技术从2K到4K甚至更高,声音从5.1声道到7.1声道且音质越来越细腻逼真,精益求精的技术可以将高保真的世界还原到用户面前。但有一天却会悲哀地发现,原来"高清"的世界已经只能够在音视频技术里去寻找了,因为高速的工业化发展正使得空气中的粉尘含量不断上升,能见度越来越低,而城市的喧嚣也早已淹没了鸟鸣蛙叫。当然环境的变化还远不止这些,只要生活在这个地球上,关于环境恶化的坏消息就会不绝于耳、无处不在:全球变暖、极端天气、海平面上升、物种灭绝。有报道称,如果人类不立即采取行动减少温室气体排放,到21世纪末地球表面的温度将会上升4℃,届时,地球上的大部分陆地将变成沙漠,还有一些土地会被上升的海平面淹没,大多数动物将从地球上消失。时至今日,不论政府、企业还是百姓,都无法回避与人类息息相关的环境问题,因此,近年来在各行各业,"绿色"已成为响彻耳际的关键词。在视听领域,有幸的看到越来越多的企业正在承担起环境保护的社会责任,推出绿色环保的产品,作为系统建设者,在产品的选择和系统的设计中也应该越来越重视低噪声和低能耗的需求。

8.2.2 大屏幕投影和虚拟现实技术的发展

大屏幕投影市场的发展,归根结底是大屏幕显示和处理设备的发展。随着人们对大视野高清展示的需求的日益提高,大屏幕投影市场也需要不断地推陈出新,来迎合音视频发展的需要。

大屏幕显示设备由于其价格的相对昂贵,主要的消费在于企业应用。科技的飞速发展,特别是数字技术的日新月异,促进了家用电视、计算机、通信设备的进步与换代,促使计算机、通信和消费产品的相互融合。数字信号的压缩、传输、存储技术、多媒体技术、网络技术与产品的出现,以及电子技术的其他发展,也在不断推动面向家庭市场电子产品的应用。作为信息显示设备终端之一,投影机具有大画面、高画质、可连接数字信号的产品优势,产品的价格、性能开始靠近民用产品消费群体。家庭大屏幕投影显示目前处于发展期,更多地用于家庭影院的建设,与之相结合的智能控制设备也在智能家居中得到了越来越多的使用,推动着家庭向着高清影音和电子智能化发展。

虚拟现实技术是高度集成的技术,涵盖计算机软硬件、传感器技术、立体显示技术等。虚拟现实技术的研究内容大体上可分为虚拟现实技术本身的研究和虚拟现实技术应用的研究两大类。根据虚拟现实所倾向的特征的不同,目前虚拟现实系统主要划分为 4 个层次:即桌面式、增强式、沉浸式和网络分布式虚拟现实。虚拟现实技术的实质是构建一种人能够与之进行自由交互的“世界”,在这个“世界”中参与者可以实时地探索或移动其中的对象。沉浸式虚拟现实是最理想的追求目标,实现的主要方式主要是戴上特制的头盔显示器、数据手套以及身体部位跟踪器,通过听觉、触觉和视觉在虚拟场景中进行体验。桌面式虚拟现实系统被称为“窗口仿真”,尽管有一定的局限性,但由于成本低廉而仍然得到了广泛应用。

虚拟环境是由计算机生成的,投影显示只是一个辅助手段,虚拟现实的建设中立体感是最关键的指标,它依靠于立体视觉的建设,而整体的真实感还需要各种输入和反馈设备,通过视、听、触觉等作用于用户,使之产生身临其境的感觉。虚拟现实投影能够更好地展现大场景的效果,使得用户有着很好的沉浸感,其立体视觉效果主要依靠软件的实现,随着输入设备的发展,虚拟现实技术与智能技术、语音识别技术的广泛结合,大屏幕投影相关的定位和互动设备也必然会越来越成熟,人通过佩戴各种反馈设备控制场景变化的设备与场景进行交互,在大屏幕前方实现高度的沉浸感。

从二维地图、沙盘、动画到虚拟视景仿真是一个合乎人们认识深化和技术发展趋势的必然结果。三维数字景象和模型将复杂的数据进行可视化处理,通过大屏幕显示,为客户带来的大视景,高沉浸感的高端解决方案,给用户一个身临其境的感觉,在城市(社区)规划、虚拟建造、专业研究等方面都具有广阔的应用前景。

随着显示设备的发展,120Hz甚至更高刷新频率的投影机和显示器的价格也会越来越低,作为虚拟现实设备的应用也会越来越普及。高端显卡的发展也让基于 OpenGL 和 DirectX 的三维图形渲染更加得心应手,很多游戏玩家已经体验了在 120Hz 显示器前进行 3D 游戏的魅力。在硬件平台的发展支持下,虚拟现实这个软硬件相结合的技术,必然会迎来更大和更成熟的市场。

8.2.3 前景展望

在科技迅速发展的今天,系统集成服务所做的不是从头开始研发生产,销售建设,世界顶级的制造商已经制造出来了适合用户的设备。这里所需要做的就是不断地了解业界发展动态,把先进设备为我所用,用先进科技服务大众。这是一个不断积累的过程,涉及各种设备的功能调研,兼容性测试,进入所设计的系统的任何一款产品,设计者必须熟悉,才能够根据系统的各项重要指标对设备进行合理的选型,这才能保证系统集成的质量。

随着处理芯片和集成电路的发展,处理器的性能越来越强大,一个处理器上能够实现多种处理功能。国际标准的音视频接口的不断推陈出新,型号的兼容性越来越好,带宽越来越高的无线通信技术的发展也使得布线系统变的更加简化,所有的这些都使得视听系统集成在功能越来越优越的同时,复杂度还在大大的降低,这对于整个社会的科技化进程的推动都有着积极的意义。

科技服务于社会,也引领着各个行业的变化,多种功能强大的设备能有多种美妙的组合。集成也是一种创造,能够带着创造的激情去满足用户的需求,将美丽的果实呈现给用户,是一件非常美好的事情。相信随着大屏幕投影和智能化会议环境的理念的深入,智能化视听会议室的用户市场会越来越大。

附 录

附录 A 专业术语

- A -

ANSI 流明定义

投影机的亮度:光通量是描述单位时间内光源辐射产生视觉响应强弱的能力,单位是流明(lm)。投影机表示光通量的国际标准单位是 ANSI 流明,ANSI 流明是美国国家标准化协会制定的测量投影机光通量的方法,测定环境如下:

(1) 投影机与屏幕之间距离:2.4m。

(2) 屏幕为 60 英寸。

(3) 用测光笔测量屏幕"田"字形 9 个交叉点上的各点照度,乘以面积,得到投影画面的 9 个点的光通量。

(4) 如图 A-1 所示,求出 9 个点光通量的平均值,就是 ANSI 流明。

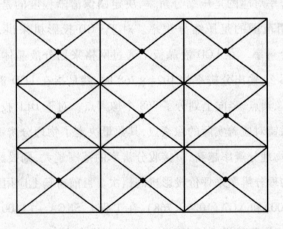

图 A-1 9 点光通量测量法

各种品牌的投影机由于测定环境的不同,虽然 ANSI 流明数相同,但实际的亮度不同。

分辨率类型定义

VGA(Video Graphics Array),640×480,纵横比4:3。

SVGA(Super Video Graphics Array),800×600,纵横比4:3。

XGA(Extended Graphics Array),1024×768,纵横比4:3。

SXGA(Super Extended Graphics Array),1280×1024,纵横比5:4。

SXGA+(Super Extended Graphics Array+),1400×1050,纵横比4:3。

UXGA(Ultra Extended Graphics Array),1600×1200,纵横比4:3。

WXGA(Wide Extended Graphics Array),1280×800,纵横比16:10。

WXGA+(Wide Extended Graphics Array+),1280×854/1440×900,纵横比15:10/16:10。

WSXGA(Wide Super Extended Graphics Array),1600×1024,纵横比14:9。

WSXGA+(Wide Super Extended Graphics Array+),1680×1050,纵横比16:10。

WUXGA(Wide Ultra Extended Graphics Array),1920×1200,纵横比16:10。

– B –

标准分辨率

标准分辨率指投影机投出的图像原始分辨率,也叫真实分辨率和物理分辨率。和物理分辨率对应的是压缩分辨率,决定图像清晰程度的是物理分辨率,决定投影机的适用范围的是压缩分辨率。对于 LCD 投影机来讲,物理分辨率即 LCD 液晶板的分辨率。在 LCD 液晶板上通过网格来划分液晶体,一个液晶体为一个像素点。那么,输出分辨率为 1024×768 时,就是指在 LCD 液晶板的横向上划分了 1024 个像素点,竖向上划分了 768 个像素点。对于 DLP 投影机来说,DMD 芯片上的反光微镜对应着实际的像素点,其数量决定了物理分辨率的大小。一般来说,投影机的物理分辨率越高,可接收分辨率的范围越大,则投影机的适应范围越广。通常用物理分辨率来评价投影机的档次。目前市场上应用最多的为 SVGA(分辨率 800×600)和 XGA(1024×768),在工程上 SXGA+(1400×1050)的分辨率也很常用,家庭影院建设中倾向于使用物理分辨率为 1920×1080 的投影机。

波特率(BaudRate)

在信息传输通道中,携带数据信息的信号单元叫码元,每秒钟通过信道传输的码元数称为码元传输速率,简称波特率。波特率是传输通道频宽的指标。

在电子通信领域,波特率即调制速率,指的是信号被调制以后在单位时间内的波特数,即单位时间内载波参数变化的次数。它是对信号传输速率的一种度量,通常以"波特每秒"(b/s)为单位。波特率有时候会同比特率混淆,实际上后者是对信息传输速率(传信率)的度量。波特率可以被理解为单位时间内传输码元符号的个数(传符号率),通过不同的调制方法可以在一个码元上负载多个比特信息。

波特率与比特率的关系为

比特率 = 波特率 × 单个调制状态对应的二进制位数。

模拟线路信号的速率也称调制速率,以波形每秒的振荡数来衡量。如果数据不压缩,波特率等于每秒钟传输的数据位数,如果数据进行了压缩,那么每秒钟传输的数据位数通常大于调制速率,使得交换使用波特率和比特率偶尔会产生错误。

– D –

dBA

在声学中,声音的强弱由声波的振动幅度(振幅)来决定,振幅越大,表示声波的能量越高,因此声音也就越大。一般用分贝(dB)来表示声音的响度。dBA 表示加权分贝,以"A"加权声级度为例,在将低频率及高频率的声压级值加在一起之前,声压级值会根据公式减低。声压级值加在一起后所得数值的单位为分贝(A)。分贝(A)较常用是因为这个标度更能准确地反映人类耳朵对频率的反应。量度声压级的仪器通常都附有加权网络,以提供分贝(A)的读数。

计权(又叫加权),本是统计学、测量学上的概念。"权"在这里应该是指外在于直接数学计算的某些因素,这些因素对于统计与测量结果有很重要的、实际的意义。加权,就是在统计、测量时将这些因素加以考虑。简单说,计权参数是在对频响曲线进行了一些加权处理后测得的参数,以区别于平直频响状态下的不计权参数。

DDC2B

DDC2B 全称为 Display Data Channel,2B 为版本号,它是 VESA 的一个传输

规范,常用来传输 EDID Table。可以简单当作它就是一个 I^2C 总线。

DirectX

DirectX 并不是一个单纯的图形 API,它是由微软公司开发的用途广泛的 API,它包含有 Direct Graphics(Direct3D + DirectDraw)、DirectInput、DirectPlay、DirectSound、DirectShow、DirectSetup、DirectMediaObjects 等多个组件,它提供了一整套的多媒体接口方案。只是其在 3D 图形方面的优秀表现,让它的其他方面显得暗淡无光。DirectX 开发之初是为了弥补 Windows3.1 系统对图形、声音处理能力的不足,而今已发展成为对整个多媒体系统的各个方面都有决定性影响的接口。

对比度

是画面黑与白的比值,也就是从黑到白的渐变层次。比值越大,从黑到白的渐变层次就越多,从而色彩表现越丰富。在投影机行业有两种对比度测试方法,一种是全开/全关对比度测试方式,即测试投影机输出的全白屏幕与全黑屏幕亮度比值。另一种是 ANSI 对比度,它采用 ANSI 标准测试方法测试对比度,如图 A-2 所示,ANSI 对比度测试方法采用 16 点黑白相间色块,8 个白色区域亮度平均值和 8 个黑色区域亮度平均值之间的比值即为 ANSI 对比度。这两种测量方法得到的对比度值差异非常大,这也是不同厂商的产品在标称对比度上差异大的一个重要原因。

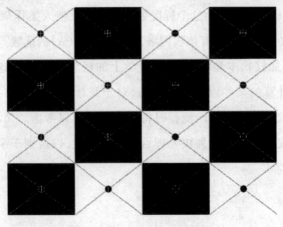

图 A-2　ANSI 对比度测试图

对比度对视觉效果的影响非常关键,高对比度对于图像的清晰度、细节表现、灰度层次表现都有很大帮助。在一些黑白反差较大的文本显示、CAD 显示和黑白照片显示等方面,高对比度产品在黑白反差、清晰度、完整性等方面都具有优势。在色彩层次方面,高对比度对图像的影响并不明显。

灯泡寿命

灯泡是投影机的唯一消耗材料。灯泡寿命为一批样本灯在一定条件下点灯,当 50% 的灯的有效光输出不低于初始值的 50% 时的点灯时间。通俗的说是指投影灯泡从正常工作到变得暗谈的周期。

投影灯泡的寿命周期一般在 2000h ~ 3000h,由于投影机的亮度大幅提升,新的投影机中一般会提供一档经济模式,在经济模式下投影机亮度会有所下降(标准亮度的 75% ~ 80%),而投影灯泡的寿命可延长 50% ~ 100%。一些投影机有灯泡工作小时数查看功能。图 A-3 给出常见灯泡的参考使用时间。

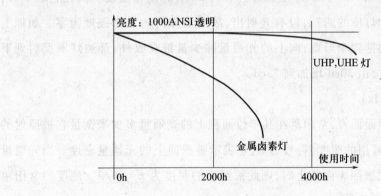

图 A-3　灯泡寿命示意图

单工、半双工和全双工

如果在通信过程的任意时刻,信息只能由 A 传到 B,则称为单工。

如果在任意时刻,信息既可由 A 传到 B,又能由 B 传 A,但只能由一个方向上的传输存在,称为半双工传输。

如果在任意时刻,线路上存在 A 到 B 和 B 到 A 的双向信号传输,则称为全双工。

例如,电话线就是二线全双工信道。由于采用了回波抵消技术,双向的传输信号不致混淆不清。双工信道有时也将收、发信道分开,采用分离的线路或频带传输相反方向的信号,如回线传输。

灯光照明术语

1. 光通量(lm)

光通量也叫发光通量。光源在单位时间(1s)内通过某一面积时的光能,称为该面积上的光通量。符号用 Φ 表示,单位为 lm(流明)。

所谓 1lm 是指发光强度为 1cd 的点光源,在一个半径为 1m 的圆球中心,每秒钟发出的光在通过球面一平方米弧形面积或单位立体角时的光能总量。由于球面积等于 $4\pi R^2$,所以 1cd 的点光源所发出的总光通量为 12.57($4 \times 3.14 \times 1^2$) lm。

流明数与灯的功率有关,灯的功率越大,流明数也就越高,可见光就越强。

2. 发光强度(cd)

发光强度的单位为坎德拉,符号为 cd,它表示光源在某球面度立体角(该物体表面对点光源形成的角)内发射出 1lm 的光通量。1cd = 1lm/1sr(sr 为立体角的球面度单位),40W 白炽灯正下方具有约 30cd 的发光强度。而在它的上方,由于有灯头和灯座的遮挡,没有光射出,故向上方向的发光强度为零。如加上一个不透明的搪瓷伞形罩,向上的光通量除少量被吸收外,都被灯罩反射到下面,发光强度会由 30cd 增加到 73cd。

3. 照度(lx)

对于被照面而言,常用落在其单位面积上的光通量多少来衡量它被照射的程度,这就是常用的照度,符号为 E,它表示被照面上的光通量密度。当光通量 Φ 均匀分布在被照表面 A 上时,则此被照面的照度为 $E = \Phi/A$。照度的常用单位为勒克斯,符号为 lx,$1lx = 1lm/1m^2$。

照度的英制单位为英尺烛光(fc),它等于 1lm 的光通量均匀分布在 1 平方英尺的表面上,由于 1 平方米 = 10.76 平方英尺,所以 1fc = 10.76lx。

4. 亮度(cd/m²)

亮度是用来说明物体表面发光强度的物理量。光学中是指光源某一方向单位面积上的发光强度。不发光物体在接受光线后表面呈现的明亮程度也称为亮度。亮度的常用单位为坎德拉每平方米(cd/m²),它等于 1 平方米表面上发出 1 坎德拉的发光强度,即 $1cd/m^2 = 1cd/1m^2$。有时用另一较大的单位熙提(符号为 sb),它表示 $1cm^2$ 面积上发出 1cd 的发光强度,$1sb = 10^4 cd/m^2$。

– E –

EDID

扩展显示标识数据(Extended Display Identification Data,EDID)是一种VESA标准数据格式,其中包含有关监视器及其性能的参数,包括供应商信息、最大图像大小、颜色设置、厂商预设置、频率范围的限制以及显示器名和序列号的字符串。这些信息保存在 Display 节中,用来通过一个 DDC(Display Data Channel)与系统进行通信,这是在显示器和 PC 图形适配器之间进行的。因为 EDID 提供了几乎所有显示参数的通用描述,最新版本的 EDID 可以在 CRT、LCD 以及将来的显示器类型中使用。

– F –

反馈抑制

在扩声系统中,如果大幅提高话筒音量,音箱发出的声音就会传到话筒引起的啸叫,这种现象就是声反馈。声反馈的存在,不仅破坏了音质,限制了话筒声音的扩展音量,使话筒拾取的声音不能良好再现;深度的声反馈还会使系统信号过强,从而烧毁功放或音箱(一般情况下是烧毁音箱的高音头),造成损失。反馈抑制顾名思义就是采取某种手段,对声反馈信号进行抑制或消除的过程。

分配器

分配器是信号传输系统中最常用的部件。它的功能是将一路输入信号均等地分成几路输出,根据信号总类的的不同有 VGA 分配器、DVI 分配器、视频(Video)分配器、音频分配器等。有些分配器是无源器件,而工程上大都是有源的,用于信号的放大,以满足增益的要求。

分配器将来自一个信号源的视频信号分配成两个或多个信号。高分辨率视频分配放大器的一个常见应用就是在接收来自一个计算机视频端口的信号后将其放大,并在保持原有信号质量的情况下将其分配到两个或多个高分辨率数据显示设备。

分配放大器同时提供信号的峰值和电平调整和均衡等放大和增强功能。分配放大器上的每路输出都经过缓冲处理,所以在信号分配时仍可保持原始信号的清晰度和强度。

– G –

光亮度均匀值

光亮度均匀值是指最亮与最暗部分的差异值,就是投影机投射至屏幕,其4个角落的亮度与中心点亮度的比值,一般将中间定义为100%。任何投影机投射出的画面都会出现中心区域与4个角的亮度不同的现象,均匀度反映了边缘亮度与中心亮度的差异,用百分比来表示。当然,理想的均匀度是100%,均匀度越高,画面的亮度一致性越好。对于投影机而言,影像均匀度的关键因素是光学镜头的成像质量。一般的投影机的画面均匀度都在85%以上,有些出色的投影机可以达到95%以上。

光的偏振原理

1. 偏振光介绍

光矢量的振动对于传播方向的不对称性,称为为光的偏振。

根据光矢量对传播方向的对称情况,光可以分为:自然光、线偏振光、部分偏振光,以及椭圆偏振光。

1)完全偏振光

A 线偏振光

光矢量只沿某一固定方向振动的光为线偏振光。偏振光的振动方向与传播方向组成的平面称为振动面。线偏振光的振动面是固定不动的。线偏振光的表示方法如图 A-4 所示。

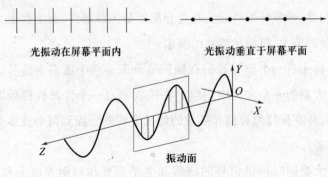

图 A-4　光的振动方向

B 椭圆偏振光

光矢量末点的运动轨迹是正椭圆或斜椭圆。如图 A-5 所示,在迎光矢量图上,光矢量端点沿逆时针方向旋转的称为左旋偏振光;沿顺时针方向旋转的称为右旋偏振光。

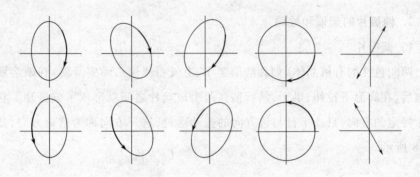

图 A-5　光的振动方向

C 圆偏振光

光矢量末点的运动轨迹是正圆的椭圆偏振光。

2)自然光

普遍光源如太阳、白炽灯等发光时,光矢量在垂直于光传播方向的平面上取各方向的概率相等,自然光可分解为两个任意互相垂直方向、振幅相等、没有任何相位关系的偏振光。自然光的表示方法如图 A-6 所示。

图 A-6　自然光的振动方向分解

对自然光,若把所有方向的光振动都分解到相互垂直的两个方向上,则在这两个方向上的振动能量和振幅都相等。

3)部分偏振光

若光波中虽包含各种方向的振动,但在某特定方向上的振动占优势,例如在某一方向上的振幅最大,而在与之垂直的另一方向上的振幅最小,则这种偏振光称为部分偏振光。其优势越大,其偏振化程度越高。因此,可以用一定方法将自然光变成部分偏振光和偏振光。

部分偏振光的两个相互垂直的光振动也没有任何固定的相位关系。部分偏振光的表示方法如图 A-7 所示。

在屏幕平面内的光振动较强　　　　　　垂直屏幕平面的光振动较强

图 A－7　部分偏振光的振动方向分解

2．偏振片的起偏和检偏

1）偏振片

两向色性的有机晶体(如硫酸碘奎宁、电气石或聚乙烯醇薄膜)在碘溶液中浸泡后,在高温下拉伸、烘干,然后粘在两个玻璃片之间就形成了偏振片。它有一个特定的方向,只让平行与该方向的振动通过,这一方向称为透振方向,如图A－8所示。

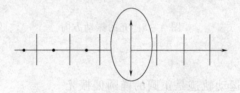

图 A－8　偏振片的作用

2）起偏

当自然光通过偏振片时,某一方向上的光矢量被吸收,只有另一方向的光矢量透过,从而使自然光成为偏振光,称为起偏。从起偏器透出的线偏振光的光强是入射自然光的光强的 1/2。

3）检偏

在光路上放一块相同的偏振片,当旋转这一偏振片时,在片后观察,若透射的光强不发生变化,则入射光为自然光,若光强发生变化,则可确定入射光为偏振光,因此该偏振片可进行检偏,如图A－9所示。

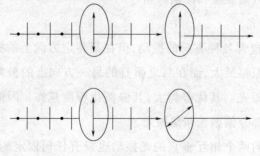

图 A－9　偏振片检偏原理

（1）线偏振光：检偏器旋转一周，光强两强两黑。

（2）自然光：在光路中插入检偏器，屏上光强减半。检偏器旋转，屏上亮暗无变化。

（3）部分偏振光：检偏器旋转一周，屏上光强经历两强两弱变化。

（4）圆偏振光：光矢量端点在垂直于光传播方向的截面内描绘出圆形轨迹。检偏器旋转一周，光强无变化。

（5）椭圆偏振光：光矢量端点在垂直于光传播方向的截面内描绘出椭圆轨迹。检偏器旋转一周，光强两强两弱。

在被动式虚拟现实投影建设中，投影机出射就需要经过起偏过程，投影幕反射（或透射）到人眼，通过眼镜时相当于检偏过程，正是这两个过程相配合实现了左右眼信号的分离，从而实现了立体视觉。

– H –

H.264 编码

H.264 是一种高性能的视频编解码技术。目前国际上制定视频编解码技术的组织有两个，一个是"国际电联（ITU – T）"，它制定的标准有 H.261、H.263、H.263 + 等，另一个是"国际标准化组织（ISO）"它制定的标准有 MPEG – 1、MPEG – 2、MPEG – 4 等。而 H.264 则是由两个组织联合组建的联合视频组（JVT）共同制定的新数字视频编码标准，所以它既是 ITU – T 的 H.264，又是 ISO/IEC 的 MPEG – 4 高级视频编码（Advanced Video Coding，AVC），而且它将成为 MPEG – 4 标准的第 10 部分。因此，不论是 MPEG – 4 AVC、MPEG – 4 Part 10，还是 ISO/IEC 14496 – 10，都是指 H.264。

H.264 最大的优势是具有很高的数据压缩比率，在同等图像质量的条件下，H.264 的压缩比是 MPEG – 2 的 2 倍以上，是 MPEG – 4 的 1.5 倍 ~2 倍。和 MPEG – 2 和 MPEG – 4 ASP 等压缩技术相比，H.264 压缩技术将大大节省用户的下载时间和数据流量收费。尤其值得一提的是，H.264 在具有高压缩比的同时还拥有高质量流畅的图像。

HDCP

HDCP（High-bandwidth Digital Content Protection）：高带宽数字内容保护技

术。HDTV(高清电视)时代即将来临,为了适应高清电视的高带宽,出现了HDMI。HDMI是一种高清数字接口标准,可以提供很高的带宽,无损地传输数字视频和音频信号。为了保证HDMI或者DVI传输的高清晰信号不会被非法录制,就出现了HDCP技术。HDCP技术规范由Intel领头完成,当用户进行非法复制时,该技术会进行干扰,降低复制出来的影像的质量,从而对内容进行保护。

HDCP需要软硬件共同支持,凡是参与内容传输的设备缺一不可。微软在新一代操作系统Vista中将集成"保护性内容输出管理协议(OPM)",用来在输出内容前确认显示设备的性能及HDCP支持情况。同时作为高清视频的主要载体,蓝光和HD–DVD也会执行HDCP标准。

画面有效尺寸

画面尺寸是指投影机投出的画面的大小,有最小图像尺寸和最大图像尺寸,单台投影画面尺寸一般用对角线尺寸表示,单位是英寸。这个指标是由投影光学变焦性能决定的,要投放预定的尺寸,需将投影机放置在与屏幕相应的距离上。根据各种投影机的镜头和亮度不同,画面尺寸与投影距离的关系有所不同。一般来讲亮度越高的投影机可以投出较大的画面,投影机根据镜头焦距都有一个最小画面尺寸和最大画面尺寸,在这两个尺寸之间投影机投射的画面可以清晰聚焦,如果超出这个范围,画面可能会出现不清晰和投影效果很差的情况。对于多通道投影,根据拼接方式不同,需要根据单台投影画面尺寸和融合区大小(如果有的话)等参数进行计算。

– I –

ISO 流明定义

ISO(the International Organization for Standardization)的中文名称是国际标准化组织,ISO是为实现国际标准化而成立的组织,ISO成员是通过技术活动的交流来发展国际标准的国际团体。ISO/IEC21118:2005(E)文件里规定了关于投影机的各种标准,包括投影机的亮度检测标准、技术用语的标准、噪声测量等。

随着日本投影机品牌销量在全球的增加,特别是中国市场的高占有率,并面对各产家在"ANSI"标称方面的极不规范性,2006 年 1 月,日本成立了投影机厂商协会,一致要求采用了"ISO"标准来进行新的标定,从而诞生了新的测量标准——"ISO"标准。

在 ISO21118 标准之前同时也是目前用得最多的投影机亮度标准是 ANSI。由于早期的投影机主要产自美国及欧洲,而日本只是他们的生产基地,所以早期的投影机都是以美国的"ANSI"标准来测量的,随着时间的推移,人们也逐渐习惯了这种标称法,目前国内也大都用 ANSI 标准。

– J –

基带信号

信源发出的没有经过调制(进行频谱搬移和变换)的原始电信号。其特点是频率较低,信号频谱从零频附近开始,具有低通形式。根据原始电信号的特征,基带信号可分为数字基带信号和模拟基带信号。相应地,信源也分为数字信源和模拟信源。通俗来讲,基带信号就是发出的直接表达了要传输的信息的信号,如人说话的声波。

由于在近距离范围内基带信号的衰减不大,信号内容不会发生变化。因此在传输距离较近时,计算机网络都采用基带传输方式。如从计算机到监视器、打印机等外设的信号就是基带传输的。大多数的局域网使用基带传输,如以太网、令牌环网。

镜头参数

根据场地需要,专业投影机都配有不同焦距的镜头,有定焦和变焦镜头之分。顾名思义,定焦镜头就是只有一个焦距,直观表现为投影尺寸于投影距离成固定正比关系,放大缩小投影区域只能通过移动投影机来实现;变焦镜头可以实时变焦,一定的投影距离能够实现一定范围的投影区域。根据用户场地的需求,可以选用不同类型的镜头。

下面简单介绍具体参数的意义:

对于镜头,最关键的参数就是光圈数 F,它与通光口径的倒数成正比,表示镜头的通光率。F 数越大,镜头的通光率越高。投影机镜头的光圈数是用数值来表示的,一般为 1.6 ~ 4.0,每一个镜头的最大光圈都标在镜头前。

焦距 f 的单位为 mm,分为短焦、标准和长焦,还有超短和超长焦。数值越小焦距越短,数值越大焦距越长。焦距决定了打满预定尺寸时投影机与影幕的距离,焦距越短,投影机与影幕的距离就越近,反之就越远。如果要在短距离投射大画面就需要选择短焦镜头的投影机,反之则需要选择长焦镜头。一般民用的投影机都为标准镜头,专业工程机都有多种镜头可换。

现在最关心的参数是镜头的投影距离比,表示投影距离与像面宽度的比例关系,例如:定焦镜头 1.25:1,表示投影距离与相面宽度的比值为 1.25m,即在 1.25m 处投影相面宽度为 1m。变焦镜头 1.34~1.74(Wide Angle Zoom(1.34~1.74):1),在 1.25m 处投影像面宽度为 0.72m~0.93m。

镜头清洁指南

正确的镜头清洁方法是:首先,用吹气囊(气吹)吹净镜头表面的灰尘。目的是防止在随后擦拭清洁镜头的时候灰尘颗粒对镜头表面造成损伤。吹气囊是一种能够喷射出高速气体的工具,橡胶球肚中的气体通过细长的喷嘴以很快的速度喷出,除去附着在镜头表面的灰尘。避免使用嘴吹气的方法清除灰尘,因为呼出的气体中含有水汽,长此以往会使镜头表面产生霉点;另外,唾液可能会溅到镜头表面,腐蚀镜头表面的镀膜。气吹过后,如果还有一些附着镜头表面的灰尘没有被清理掉,可以使用镜头纸卷成卷,对折后形成一把小刷子,刷掉残余灰尘。

接下来,选择合适的清洁液和镜头纸。镜头纸建议使用品牌厂商生产的,如果没有镜头纸,可以使用干净的眼镜布或软棉布,切勿使用薄纸或纸巾,以免会损伤镜头。将专用的清洁液滴在镜头纸上,从镜头中心开始沿着同一方向呈环形轻轻擦拭。不要随意变换方向,否则清洁完镜头后的镜头擦拭纸上的尘土颗粒会再次污染镜头。用手拿镜头纸擦拭镜头前一定要把手清洗干净或戴上手套。

当确认所有的灰尘已被清除,不妨再用微孔镜头布来擦拭抛光。抛光过程会消除微小的划痕或残留的清洁剂。

均衡器

均衡器(频率均衡器的简称)是对音频信号的频率响应特性进行补偿、调节和处理的电子设备。它将整个音频频率范围分为若干个频段,根据实际情况对不同频率的声音信号进行提升或衰减,以达到补偿欠缺的频率成分和抑制过多的频率成分的目的。均衡器分为两类:"GEQ"图示均衡器(有时也叫房间均衡器)和"PEQ"参量均衡器。

矩阵切换设备

一般指在多路输入的情况下有多路的输出选择,形成的矩阵结构,即每一路输出都可与不同的输入信号"短接",每路输出只能接通某一路输入,但某一路输入都可(同时)接通不同的输出,一般习惯中,将形成 $M \times N$ 的结构称为矩阵切换器,而将 $M \times 1$ 的结构称为切换器或选择器,$1 \times M$ 的结构称为分配器。矩阵的原理是利用芯片内部电路的导通与关闭进行接通与关断,并可通过电平进行控制完成信号的选择。

矩阵切换器可用来连接同轴、双绞线和光纤电缆。传统的系统设计是基于一个五线同轴电缆的架构,用于支持模拟 RGBHV。对于 RGBHV 而言,双绞线是一个比较流行的选择,因为它成本低、尺寸小,较之同轴电缆更易于安装。随着数字视频格式的发展以及满足与之相关的不断增长的数据速率的需要,现在设计的设施中都采用了新兴的信号传输和分配技术,用于支持 DVI、HDMI 和多速率 SDI 信号。虽然双绞线技术现在已经比较常用于发送 DVI 和 HDMI 信号,但数字和模拟信号不能在同一双绞线电缆架构下共存。

目前市面上的矩阵切换器有多种类型:VGA 信号矩阵切换器、RGB 信号矩阵切换器、音视频信号矩阵切换器,这 3 种是工程中最常用到的,另外随着硬件技术的发展,HDMI 信号矩阵切换器、DVI 信号矩阵切换器也越来越多的用到了工程中。

– L –

LED 基础

LED 是 Light Emitting Diode 3 个单词的缩写,译为"发光二极管",发光二极管是一种可以将电能转化为光能的电子器件,具有二极管的特性。目前,不同的发光二极管可以发出从红外到蓝之间不同波长的光线,发出紫色乃至紫外光的发光二极管也已经诞生。除此之外还有在蓝光 LED 上涂上荧光粉,将蓝光转化成白光的白光 LED。

对于 LED 显示屏这种主动发光体一般采用 cd/m² 作为发光强度单位,并配合观察角度为辅助参数,其等效于屏体表面的照度单位勒克斯;将此数值与屏体有效显示面积相乘,得到整个屏体的在最佳视角上的发光强度,假设屏体中每个像素的发光强度在相应空间内恒定,则此数值可被认为也是整个屏体的光通量。一般室外 LED 显示屏须达到 4000cd/m² 以上的亮度才可在日光下有比较理想的显示效果。普通室内 LED,最大亮度在 700cd/m² ~ 2000cd/m²。

单个 LED 的发光强度以 cd 为单位,同时配有视角参数,发光强度与 LED 的色彩没有关系。单管的发光强度从几毫坎到 5000mcd 不等。LED 生产厂商所给出的发光强度指 LED 在 20mA 电流下点亮,最佳视角上及中心位置上发光强度最大的点。封装 LED 时顶部透镜的形状和 LED 芯片距顶部透镜的位置决定了 LED 的视角和光强分布。一般来说,相同的 LED 视角越大,最大发光强度越小,但在整个立体半球面上累计的光通量不变。

当多个 LED 较紧密规则排放,其发光球面相互叠加,导致整个发光平面发光强度分布比较均匀。在计算显示屏发光强度时,需根据 LED 视角和 LED 的排放密度,将厂商提供的最大点发光强度值乘以 30% ~90% 不等,作为单管平均发光强度。

一般 LED 的发光寿命很长,生产厂家一般都标明为 100000h 以上,实际还应注意 LED 的亮度衰减周期,如大部分用于汽车尾灯的 UR 红管点亮十几至几十小时后,亮度就只有原来的一半了。亮度衰减周期与 LED 生产的材料工艺有很大关系,一般在经济条件许可的情况下应选用亮度衰减较缓慢的四元素 LED。

—O—

OSD

OSD 是 On-Screen Display 的缩写,即屏幕菜单。

OpenGL

OpenGL 是个专业的 3D 程序接口,是一个功能强大,调用方便的底层 3D 图形库。

OpenGL 的前身是 SGI 公司为其图形工作站开发的 IRISGL。IRISGL 是一个工业标准的 3D 图形软件接口,功能虽然强大但是移植性不好,于是 SGI 公司便在 IRISGL 的基础上开发了 OpenGL。OpenGL 的英文全称是 Open Graphics Library,译为开放的图形程序接口。虽然 DirectX 在家用市场全面领先,但在专业高端绘图领域,OpenGL 是不能被取代的主角。

OpenGL 是个与硬件无关的软件接口,可以在不同的平台如 Windows95、WindowsNT、Unix、Linux、Mac OS、OS/2 之间进行移植。因此,支持 OpenGL 的软件具有很好的移植性,可以获得非常广泛的应用。由于 OpenGL 是 3D 图形的底层图形库,没有提供几何实体图元,不能直接用以描述场景。但是,通过一些转换程序,可以很方便地将 AutoCAD、3DS 等 3D 图形设计软件制作的 DFX 和 3DS 模型文件转换成 OpenGL 的顶点数组。

– P –

平衡和非平衡信号

音频接头是音频信号的载体,所传输的信号种类不同,接头也有所不同。

在音频设备间传输的音频信号,可大致分成两类,平衡信号和非平衡信号。声波转变成电信号后,如果直接传送就是非平衡信号,如果把原始信号反相(相位差为 180°),然后同时传送反相的信号和原始信号,就叫做平衡信号。

与之相对应的是音频信号的平衡传输与非平衡传输。平衡传输是一种应用广泛的音频信号传输方式。它是利用相位抵消的原理将音频信号传输过程中所受的其他干扰降至最低,即平衡信号送入差动放大器,原信号和反相位信号相减,得到加强的原始信号,由于在传送中,两条线路受到的干扰几乎一样,在相减的过程中,减掉了干扰信号,因此抗干扰能力更强。所以,平衡传输一般出现在专业音频设备上,以及传输距离较远的场合。这种在平衡式信号线中抑制两极导线中所共同有的噪声的现象便称为共模抑制。

实现平衡传输,需要并列的三根导线来实现,即接地线、热端线、冷端线。因此,平衡输入输出接头必须具有 3 个脚位,如卡侬头,大 3 芯接头。非平衡传输只有两个端子,即信号端与接地端。对于这种单相信号,为防止共模干扰使用同轴电缆,外皮是地,中间的芯是信号线。常见的接头如 BNC 接头、RCA 接头等。这种传输方式通常在要求不高和近距离信号传输的场合使用,如家庭音响系统。这样连接也常用于电子乐器、电吉他等设备。

平衡信号需要用平衡接头来传输,但是平衡接头,如大 3 芯 TRS 接头或者 XLR3 接头,电路中传输的不一定就是平衡信号。比如,当大 3 芯 TRS 接头用来传输立体声信号的时候,Tip 脚传输左声道信号,Ring 脚传输右声道信号,Sleeve 脚接地,那么它此时传输的是两路不同的信号,即不是平衡信号。而平衡信号本质上是一路信号,只不过将其反相后,两路同时传输而已。

屏幕宽高比

屏幕宽高比是指屏幕画面纵向和横向的比例。计算机及数据信号和普通电视信号的宽高比为是 4:3(1.33),电影和高清电视的宽高比是 16:9(1.78)。当输入源图像的宽高比与显示设备支持的宽高比不一样时,就会有画面变形和缺失的情况出现。16:9 的图像在 4:3 屏幕上显示时有 3 种方式:第一种是变形(Anemographic)方式,在水平充满的情况下,垂直拉长,直到充满屏幕,这样图像看起来比原来瘦;第二种方式是字符框 – A(Letterbox – A)方式,16:9 的图像保持其不失真,但在屏幕上下各留下一条黑条;第三种方式是 – B(Letterbox – B)方式,是前两种方式的折中,水平方向两侧各超出屏幕一部分,垂直上下黑条也比第二种窄一些,图像的宽高比为 14:9。目前的家用投影机为了迎合家庭影院的需求,通常屏幕宽高比为 16:9。

频率范围/响应

前者是指音响系统能够回放的最低有效回放频率与最高有效回放频率之间的范围;后者是指将一个以恒电压输出的音频信号与系统相连接时,音箱产生的声压随频率的变化而发生增大或衰减、相位随频率而发生变化的现象,这种声压和相位与频率的相关联的变化关系(变化量)称为频率响应,单位分贝(dB)。

音响系统的频率特性常用分贝刻度的纵坐标表示功率和用对数刻度的横坐标表示频率的频率响应曲线来描述。当声音功率比正常功率低 3dB 时,这个功率点称为频率响应的高频截止点和低频截止点。高频截止点与低频截止点之间的频率即为该设备的频率响应;声压与相位滞后随频率变化的曲线分别叫作幅频特性和相频特性,合称频率特性。这是考察音箱性能优劣的一个重要指标,它与音箱的性能和价位有着直接的关系,其分贝值越小说明音箱的频响曲线越平坦、失真越小、性能越高。如一音箱频响为 60Hz ~ 18kHz + / - 3dB。这两个概念有时并不区分,就叫作频响。

从理论上讲,20Hz ~ 20000Hz 的频率响应足够了。低于 20Hz 的声音,虽听不到但人的其他感觉器官却能觉察,也就是能感觉到所谓的低音力度,因此为了完美地播放各种乐器和语言信号,放大器要实现高保真目标,才能将音调的各次谐波均重放出来。所以应将放大器的频带扩展,下限延伸到 20Hz 以下,上限应提高到 20000Hz 以上。CD 机的频率响应上限为 20000Hz,低频端可做到很低,只有几个赫兹,这是 CD 机放音质量好的原因之一。

多媒体音箱中的音乐是以播放 MP3 或 CD 的音乐、歌曲、游戏的音效、背景音乐以及影片中的人声与环境音效为主的,这些声音是以中高音为多,所以在挑选多媒体音箱时应该更看中它在中高频段声音的表现能力,而不是低频段。若追求影院效果,那么一只功率足够的低音炮才能满足需求。

- S -

色彩数

色彩数就是屏幕上最多显示多少种颜色的总数。对屏幕上的每一个像素来说,256 种颜色要用 8 位二进制数表示,即 2 的 8 次方,因此也把 256 色图形叫做 8 位图;如果每个像素的颜色用 16 位二进制数表示,所以叫它 16 位图,它可以表达 2 的 16 次方即 65536 种颜色;还有 24 位彩色图,可以表达 16777216 种颜色。现在大多数投影机都支持 24 位真彩色。

声源

产生声音信号的设备或装备都可以称为声源,许多娱乐场所的扩声声音均来自声源。声源包括各种有线传声器、无线传声器(或收音机)、电唱机(家用电唱机及机械磨盘机)、卡座(台式录音机)、激光唱机(包括双 CD 机)、录像机、视盘机(包括 CD 机、VCD 机、DVD 机)以及各类电子乐器等共 8 种类型。

声道数

声道数是衡量音箱档次的重要指标之一。

1．单声道

单声道是比较原始的声音复制形式,早期的声卡采用的比较普遍。当通过两个扬声器回放单声道信息的时候,可以明显感觉到声音是从两个音箱中间传递到人耳的。

2．立体声

单声道缺乏对声音的位置定位,而立体声技术则彻底改变了这一状况。声音在录制过程中被分配到两个独立的声道,从而达到了很好的声音定位效果。这种技术在音乐欣赏中显得尤为有用,听众可以清晰地分辨出各种乐器来自的方向,从而使音乐更富想象力,更加接近于临场感受。立体声技术广泛运用于自 Sound Blaster Pro 以后的大量声卡,成为了影响深远的一个音频标准。时至今日,立体声依然是许多产品遵循的技术标准。

3．准立体声

准立体声声卡的基本概念就是:在录制声音的时候采用单声道,而放音有时是立体声,有时是单声道。采用这种技术的声卡也曾在市面上流行过一段时间,现在已经销声匿迹了。

4．四声道环绕

由于 PCI 声卡的出现带来了许多新的技术,其中发展最为神速的当数三维音效。三维音效的主旨是为人们带来一个虚拟的声音环境,通过特殊的 HRTF 技术营造一个趋于真实的声场,从而获得更好的游戏听觉效果和声场定位。而要达到好的效果,仅仅依靠两个音箱是远远不够的,所以立体声技术在三维音效面前就显得捉襟见肘了,但四声道环绕音频技术则很好的解决了这一问题。

四声道环绕规定了 4 个发声点:前左、前右,后左、后右,听众则被包围在这中间。同时还建议增加一个低音音箱,以加强对低频信号的回放处理,这就构成了 4.1 声道音箱系统。

5．5.1 声道

5.1 声道已广泛运用于各类传统影院和家庭影院中,一些比较知名的声音录制压缩格式,譬如杜比 AC - 3(Dolby Digital)、DTS 等都是以 5.1 声音系统为技术蓝本的,其中".1"声道是一个专门设计的超低音声道,这一声道可以产生频响范围 20Hz ~ 120Hz 的超低音。其实 5.1 声音系统来源于 4.1 环绕,不同之处在于它增加了一个中置单元。这个中置单元负责传送低于 80Hz 的声音信号,在欣赏影片时有利于加强人声,把对话集中在整个声场的中部,以增加整体效果。

目前,更强大的 7.1 系统已经出现了。它在 5.1 的基础上又增加了中左和中右两个发音点,以求达到更加完美的境界。由于成本比较高,没有广泛普及。

视频带宽

很多传输设备都有带宽的指标,这里以显示器为例。视频带宽指每秒扫描的图素个数,即单位时间内每条扫描线上显示的频点数总和,以 MHz 为单位。带宽越大表明显示控制能力越强,显示效果越佳。对于视频传输设备而言,高带宽能够保证每秒足够的图像传输到显示终端,从理论上来说,视频带宽的计算公式为

$$B = r(x) \times r(y) \times V$$

式中:B 表示视频带宽;$r(x)$ 表示每条水平扫描线上的图素个数;水平分辨率 $r(y)$ 表示每帧画面的水平扫描线数;垂直分辨率 V 表示每秒画面刷新率,即垂直刷新频率,也称场频。

但通过上述公式计算出的水平带宽只是理论值,在实际应用中电子束从左扫到右后,还要经历一个从右回到左的过程。同理,上下也有一个回扫的过程。所以在视频信号中,还包括行消隐信号和场消隐信号,使得电子束在两个方向的回扫过程中变得尽量的弱,以免扫出难看的回扫线。为了避免图像边缘的信号衰减,电子枪的扫描能力需要大于分辨率尺寸,水平方向通常要大于 25% ,垂直方向要大于 8% ,用于回扫消隐。所以,实际的视频带宽公式为

$$B = [r(x)/0.80] \times [r(y)/0.93] \times V \text{ 或 } B = r(x) \times r(y) \times V/0.744$$

例如,如果一台显示器在 1600 × 1200 分辨率和 85Hz 的刷新率下正常显示,就可以计算出这台显示器的实际带宽为:1600 × 125% × 1200 × 108% × 85 = 220320000Hz(约 220MHz)。

根据上面的公式,可以比较清楚地了解到视频带宽和分辨率和刷新率有直接的联系。当显示器的刷新率提高一点的话,它的带宽就会要提高很多。与水

平刷新频率相比,视频带宽更能直接反映显示器性能。在同样的分辨率下,视频带宽高的显示器不仅可以提供更高的刷新率,而且在画面细节的表现方面往往更加准确清晰。在各种视频处理设备中,视频带宽越大,能够实时处理的信息量也就越大,对视听工程中的高清影像的展示也就越为有利。

射频电缆

射频 RF 是 Radio Frequency 的缩写,表示可以辐射到空间的电磁频率,频率范围从 300kHz ~ 30GHz 之间。射频电缆是传输射频范围内电磁能量的电缆,射频电缆是各种无线电通信系统及电子设备中不可缺少的元件,在无线通信与广播、电视、雷达、导航、计算机及仪表等方面广泛的应用。射频简称 RF 射频就是射频电流,它是一种高频交流变化电磁波的简称。每秒变化小于 1000 次的交流电称为低频电流,大于 10000 次的称为高频电流,而射频就是这样一种高频电流。有线电视系统就是采用射频传输方式的。射频同轴电缆介质的作用并非仅为绝缘,电缆最终的传输性能如衰减、阻抗和回波损耗都与绝缘密切相关,故介质材料的选择和其结构非常重要。对绝缘最重要的要求有:相对介电常数低、结构一致、机械性能稳定以及防水防潮。

色温

色温(Color Temperature)是表示光源光色的尺度,表示单位为 K(Kelvin)。

通常人眼所见到的光线,是由 7 种色光的光谱所组成。但其中有些光线偏蓝,有些则偏红,色温就是专门用来量度和计算光线的颜色成分的方法,是 19 世纪末由英国物理学家洛德·开尔文所创立的,他制定出了一整套色温计算法,而其具体确定的标准是基于以一黑体辐射器所发出来的波长。

开尔文认为,假定某一纯黑物体,能够将落在其上的所有热量吸收,而没有损失,同时又能够将热量生成的能量全部以"光"的形式释放出来的话,它产生辐射最大强度的波长随温度变化而变化。例如,当黑体受到的热力相当于 500℃ ~ 550℃时,就会变成暗红色(某红色波长的辐射强度最大),达到 1050℃ ~ 1150℃时,就变成黄色……因而,光源的颜色成分是与该黑体所受的温度相对应的。色温通常用开尔文温度(K)来表示,而不是用摄氏温度单位。打铁过程中,黑色的铁在炉温中逐渐变成红色,这便是黑体理论的最好例子。通常所用灯泡内的钨丝就相当于这个黑体。色温计算法就是根据以上原理,用 K 来对应表示物体在特定温度辐射时最大波长的颜色。

根据这一原理,任何光线的色温是相当于上述黑体散发出同样颜色时所受到的"温度"。颜色实际上是一种心理物理上的作用,所有颜色印象的产生,是由于时断时续的光谱在眼睛上的反应,所以色温只是用来表示颜色的视觉印象。

低色温光源的特征是能量分布中,红辐射相对说要多些,通常称为"暖光";色温提高后,能量分布中,蓝辐射的比例增加,通常称为"冷光"。一些常用光源的色温为:标准烛光为 1930K,钨丝灯为 2760K ~ 2900K,荧光灯为 3000K,闪光灯为 3800K,中午阳光为 5400K,电子闪光灯为 6000K,蓝天为 12000K ~ 18000K。

– T –

投影机灯泡

目前的采用的光源主要包括:UHP 灯(超能灯)、UHE 灯和金属卤素灯。

UHP 灯泡是一种理想的冷光源,但由于价格较高,一般应用于高档投影机上。UHP 灯产生冷光,外形小巧,在相同功耗下,能产生大光量,寿命较长,当衰竭时,即刻熄灭。优点是使用寿命长,一般可以正常使用 4000h 以上,亮度衰减很小。

UHE 灯泡也是一种冷光源,UHE 灯泡是目前中档投影机中广泛采用的理想光源。优点是价格适中,在使用 4000h 以前亮度几乎不衰减。

金属卤素灯泡发热高,对投影机散热系统要求高,不宜做长时间(4h 以上)投影使用。金属卤素灯产生暖光,要求较大功率才能产生与 UHP 灯同等的光度,使用寿命较短,与 UHP 灯不同的是金属卤素灯坏时表现为渐渐熄灭。金属卤素灯泡的优点是价格便宜,缺点是半衰期短,一般使用 1000h 左右亮度就会降低到原先的一半左右。

调音台

调音台(Mixing Console)也称混音控制台,是专业音响系统的中心控制设备。

它具有多路输入,每路的声信号可以单独进行处理,例如:可放大,作高音、中音、低音方面的音质补偿,给输入的声音增加韵味,对该路声源作空间定位等;还可以进行各种声音的混合,混合比例可调;拥有多种输出,包括左右立体声输出、编辑输出、混合单声输出、监听输出、录音输出以及各种辅助输出等。调音台在诸多系统中起着核心作用,它既能创作立体声、美化声音,又可抑制噪声、控制音量,是声音艺术处理必不可少的一种电子设备。

头盔显示器

头盔显示器(Head Mounted Display,HMD)外形像头盔一样,是戴在头上的双目显示设备,其原理是将两幅带有差异的图像分别显示在两个显示板上,带着此设备时,人的眼睛分别看到左右眼的图像,从而生成立体视觉。作为虚拟现实领域的重要显示设备,较早应用于军事仿真中的单兵作战系统。

通信协议

通信协议又称通信规程,是指通信双方对数据传送控制的一种约定。约定中包括对数据格式、同步方式、传送速度、传送步骤、检纠错方式以及控制字符定义等问题做出统一规定,通信双方必须共同遵守,它也叫做链路控制规程。

在网络上负责定义资料传输规格的协议统称为通信协议。每一种网络所使用的通信协议都不太一样,以最常用的 Internet 为例,当资料要送到 Internet 上时,就必须要使用 TCP/IP 协议。

– V –

VESA 标准

VESA(视频电子标准协会)是由代表来自世界各地的、享有投票权利的 140 多家成员公司的董事会领导的非盈利国际组织,致力于指定并推广显示相关标准。2004 年 5 月,VESA 推出视频平板显示支架界面 FDMI 的标准。该标准对显示器后部的支架安装螺距、安装界面、孔洞模式、视频接口位置以及电源供应位置做出了严格规定,能够增加产品悬挂的可靠性,让产品的内部结构更合理,机器对环境的适应性更强。无论墙壁、桌面、地板,甚至是天花板上,都可以实现稳固安装。2006 年 3 月,VESA 针对 90 英寸或更大尺寸平板显示的需要改进了 FDMI 标准。此次修订已经将 FDMI 标准的支持范围扩大到新的大尺寸屏幕,几种在螺丝支架表面接口的尺寸大小和支架孔的布局规范。例如,相比以前要求小尺寸屏幕的 4 个支架孔,要有固定的空间布局,修订后的标准允许根据大尺寸屏幕的底座大小来合理安排支架孔的分布。同时,各种应用于大尺寸显示并遵循 VESA 标准的布局形式取代了适用于小尺寸屏幕的单一的 100mm×100mm 布局形式。这些布局形式将给开发适用于大尺寸屏幕的支架产品的厂商带来很到的帮助。目前,该标准被 90% 的业内平板显示厂商采用。

– W –

无线投影

无线投影功能是指投影机通过标准的无线传输协议与局域网相连,从而实现在局域网内管理、控制、故障诊断等。与无线投影机处于同一局域网内的计算机通过授权都可以对投影机实现操作,例如可以直接在办公室里控制会议室内的投影机工作。

无线投影有两种连接模式:简单连接模式(Easy Connect Mode)和接入点连接模式(Access Point Mode)。所谓简单连接模式就是计算机通过无线网卡直接和投影机的无线网卡进行信号传输,中间不需要其他设备。而接入点连接模式则是计算机通过无线网关与投影机进行信号传输。

目前市面上大多数无线网络投影都有具有无 PC 演示、支持 USB 存储器、PC 存储卡的功能,可以实现无 PC 应用方案。在无线局域网络中,投影机可以实现与计算机一对一、多对一以及一对多的连接投影功能。

无线话筒

每套无线话筒由若干部发射机和一部接收机组成,每部袖珍发射机各有一个互不相同的工作频率,集中接收机可以同时接收各部袖珍发射机发出的不同工作频率的语音信号,它适应于舞台讲台等场合。

无线话筒的类别,依不同的定义可区分为许多不同的类型。

按照发射使用频率来分,现时的无线话筒广泛采用的是 VHF 和 UHF 两个传输频段。按照接收方式来分,可以分为自动选信接收无线话筒系统和非自动选信接收无线话筒系统,按照振荡方式来分,可以分为石英锁定机种和相位锁定频率合成机种,按照接收机频道数来分,可以分为单频道机种,双频道机种和多频道机种。

无线通信技术

无线通信技术近年来发展飞速,各种新兴技术层出不穷,它已使人们的生活产生了革命性的改变,并带来极大的便捷。在 IP/AV 深度融合的今天,无线通信技术使 AV 行业的传输基础不断发生变革,在会议室、在数字告示的部署中、在 AV 设备与网络或设备间的互连互接过程中,无线通信都扮演着非常重要的角色。下面简单介绍一下时下最为热门的几种无线通信技术。

Wi‐Fi

简介:全称 Wireless Fidelity(无线保真),又称 802.11b 标准,是一种无线局域网技术。作为对固网的补充,Wi‐Fi 可以使个人计算机、游戏控制器、PDA、移动电话等设备通过无线网络连接到因特网。一个或多个互相连接的访问点的覆盖被称为热点,它可包含小到一个房间大到被重叠访问点覆盖的数平方英里的区域。此外,Wi‐Fi 还允许对等连接模式,可以实现设备间的直接连接,这一便捷模式在消费电子和游戏的应用领域大有可为。

特点和优势:传输速度较高,最高可达到 11Mb/s;良好的兼容性,可与已有的各种 802.11 DSSS 设备兼容;无线电波的覆盖范围广,有效传输距离长,Wi‐Fi 的半径则可达 300 英尺左右,约合 100 米。

发展与应用:Wi‐Fi 的发展可谓势头正劲,Wi‐Fi 热点现已遍布全球,在机场、医院、地铁站、图书馆等公共场所,Wi‐Fi 正向越来越多的人提供免费的无线上网服务;在政府、家庭等场所,Wi‐Fi 的部署亦非常火热,而家庭的 Wi‐Fi 服务已成为运营商增值服务卖点。目前,Wi‐Fi 几乎已经成为笔记本、手机、游戏机、MP3/4 播放器、PDA、数码相机等个人电子产品的标配。在中国市场,Wi‐Fi 亦有非常好的发展前景,据 iSuppli 公司预测,2012 年中国热点数量将增长到 38722 个,是 2007 年 5420 个的 7 倍多,到 2012 年热点将覆盖中国几乎所有的一线城市。

蓝牙

简介:蓝牙(Bluetooth)技术是一种短距离无线电技术,利用蓝牙技术能够有效地简化掌上计算机、笔记本计算机和移动电话手机等移动通信终端设备之间的通信,也能够成功地简化以上这些设备与因特网 Internet 之间的通信,从而使这些现代通信设备与因特网之间的数据传输变得更加迅速高效,为无线通信拓宽道路。蓝牙采用分散式网络结构以及快跳频和短包技术,支持点对点及点对多点通信,工作在全球通用的 2.4GHz ISM(即工业、科学、医学)频段。其数据速率为 1Mb/s。采用时分双工传输方案实现全双工传输。

特点和优势:Bluetooth 无线技术是在两个设备间进行无线短距离通信的最简单、最便捷的方法。

发展与应用:对于蓝牙这个词,很多人应该都不陌生,在多年前,带有蓝牙功能的手机、耳机、笔记本等个人设备都已普及了。随着蓝牙技术更深入的应用以及更新技术的融入在小的空间范围内,尤其是在家居和办公当中,蓝牙可使人们的生活更为便捷。它广泛应用于世界各地,可以无线连接手机、便携式计算机、汽车、立体声耳机、MP3 播放器等多种设备。Bluetooth 无线技术是当今市场上支持范围最广泛,功能最丰富且安全的无线标准,到目前为止,全球已有 15 亿件蓝牙产品问世。

WiMAX

简介:全称为 Worldwide Interoperability for Microwave Access,译为全球微波互连接入,它是一项基于 IEEE 802.16 标准的宽带无线城域网接入技术,采用了大量新技术(如 OFDM/OFDMA、MIMO、自适应编码调制等),能提供面向互联网的高速连接。

特点与优势:WiMAX 代表着未来无线通信系统的宽带和智能特征,其优势亦非常明显,它的传输距离可达到 50km;宽带接入速度更高,最高可达 70M;能够提供良好的最后 1km 网络接入服务以及优质的多媒体服务。

发展与应用:虽然 WiMAX 具有诸多优势,亦曾被很多人追捧和看好,但其发展的道路并不如想象中平坦,在一些地区,WiMAX 的试商用情况并不尽理想。但作为一项不断成熟中的新兴技术,其潜力仍不可低估,据市场研究公司 JuniperResearch 最新发表的一份研究报告称,WiMax 应用在 2009 年—2011 年期间将加快增长;到 2013 年,全球 WiMax 用户将超过 4700 万。这篇研究报告还指出,WiMax 极可能取代 DSL。

ZigBee

简介:ZigBee 技术以 IEEE 802.15.4 协议为基础,是一种应用于短距离范围内、低传输数据速率下的各种电子设备之间的无线通信技术。ZigBee 技术则致力于提供一种廉价的固定、便携或者移动设备使用的极低复杂度、成本和功耗的低速率无线通信技术。主要适合用于自动控制和远程控制领域,可以嵌入各种设备。

特点与优势:功耗低;数据传输可靠;网络容量大;兼容性、安全性能好。ZigBee 技术弥补了低成本、低功耗和低速率无线通信市场的空缺。

发展与应用:在自动控制领域,ZigBee 有着非常广泛的应用,包括楼宇管理、智能家居控制、移动服务控制、工业控制等。

— X —

信噪比

音箱的信噪比是指音箱回放的正常声音信号与无信号时噪声信号(功率)的比值。用 dB 表示。例如,某音箱的信噪比为 80dB,即输出信号功率比噪声功率大 80dB。信噪比数值越高,噪声越小。

国际电工委员会对信噪比的最低要求是前置放大器大于等于 63dB,后级放大器大于等于 86dB,合并式放大器大于等于 63dB。合并式放大器信噪比的最佳值应大于 90dB,CD 机的信噪比可达 90dB 以上,高档的更可达 110dB 以上。

信号延长器

在大型的应用环境中,信号从信号源到显示设备需要传输很长的距离。面临的问题之一就是要保证在每个显示设备上都要显示出最佳的图像质量,尤其是对于高分辨率的信号而言。信号需要精确到像素级别,在电缆的长距离传输过程中没有因丢失而造成的衰减。就数字视频信号(如 DVI 和 HDMI)而言,这种问题显得尤为突出,因为当电缆长度超过 5m(约 15 英尺)的距离时,信号就会迅速衰减。这时,信号延长器就应运而生了。

信号延长器是用来延长信号的器件,通常用于长距离直连线材无法满足传输要求的情况,一般是为了确保信号长距离无衰减的传输而设计,因此多是有源的。

信号延长器一般分发送端和接收端,发送端负责完成信号获取和压缩的作用,接收端负责完成信号的解码和端口分配,为了使信号能够达到最好的质量,在独立供电的设备端一般会有增益或者独立参数调节的旋钮。发送和接受端之间可以是同轴电缆,双绞线(网线),甚至是光纤等,根据设备应用而不同。

常见的延长器有:

VGA 延长器,DVI 延长器,用于计算机信号的长距离无衰减的传输。

BNC 或 RCA 视频延长器,用于视频或音频的长距离传输。

USB 延长器,用于延长 USB 控制,远端的 USB 设备的接入。

KVM 延长器,用于鼠标(Mouse)、键盘(Keyboard)、显示器信号(Video)的延长,这种延长方式主要是面向较远距离的计算机控制,图像会有压缩损失。类似的还有网络 KVM 延长,用于更远距离的网络中计算机控制的获取。此外还有 KM 延长器,顾名思义,就是仅仅对鼠标和键盘控制的延长,比 KVM 延长器少了个显示输出信号。

– Y –

有效扫描频段

有效扫描频段是水平扫描频率和垂直扫描频率总称。

水平扫描频率:电子在屏幕上从左至右的运动叫做水平扫描,也叫行扫描。每秒钟扫描次数叫做水平扫描频率,视频投影机的水平扫描频率是固定的,为 15.625kHz(PAL 制)或 15.725kHz(NTSC 制),在这个频段内,投影机可自动跟踪输入信号行频,由锁相电路实现与输入信号行频的完全同步。水平扫描频率是区分投影仪档次的重要指标。频率范围在 15kHz ~ 60kHz 的投影仪通常叫做数据投影机,上限频率超过 60kHz 的通常叫做图形投影机。投影机的水平扫描频率都有一个范围,如果来自计算机的输入信号的水平扫描频率超出此范围,则投影机将无法投影。

垂直扫描频率:电子束在水平扫描的同时,又从上向下运动,这一过程叫垂直扫描。每扫描一次形成一幅图像,每秒钟扫描的次数叫做垂直扫描频率,垂直扫描频率也叫刷新频率。它表示这幅图像每秒钟刷新的次数,用 Hz 表示,例如:60Hz 或每秒 60 次,频率越高图像越稳定。垂直扫描频率一般不低于 50Hz,否则图像会有闪烁感,如果来自计算机的输入信号的垂直扫描频率超出此范围,则投影机将无法投影。

音响和音响设备

声音信号经播放设备后产生的重放声都称之为音响。声音信号可以是由发声体发声,通过传声器转换成的电信号,也可以是磁带、唱盘、电影胶片等记录媒体(或载体)还原出声音电信号,经播放设备(调音台、周边设备、耳机、功率放大器、音箱等)重放出声音。

凡是对再现声进行种种放大和加工处理的设备均为音响设备。它们有如下类别:

(1)声源类:包括有线传声器、无线传声器、卡座、电唱机、CD 机、VCD/LD/DVD 机、录象机、电子乐器等。

(2)艺术加工类:包括调音台、混音器等。

(3)音质补偿类:包括均衡器、激励器等。

(4)动态处理器:包括压缩器、限制器、扩展器、嗓门器、自动增益控制器等。

(5)声音美化类:包括各种效果器。

(6)扩大还音类:包括功率放大器、音箱、耳机、电子分频器等。

压限器

压限器是压缩与限制器的简称。

压缩器是一种随着输入信号电平增大而本身增益减少的放大器。

限制器是一种这样的放大器,输出电平到达一定值以后,不管输入电平怎样增加,其最大输出电平保持恒定的放大器。该最大输出电平是可以根据需要调节的。

一般地来讲,压缩器与限制器经常一起出现,有压缩功能的地方同时也就用到限制功能。

有源音箱

音箱是将电信号还原成声音信号的一种装置,还原出声音的真实性将作为评价音箱性能的重要标准。有源音箱就是带有功率放大器(即功放)的音箱系统。把功率放大器和扬声器发声系统做成一体,可直接与一般的声源(如随身听、CD 机、影碟机、录像机等)搭配,构成一套完整的音响组合。有了有源音箱,就无需另购功率放大器,不再为合理选配功放、音箱而发愁,操作简便,其极高的性能价格比,为工薪阶层所普遍接受。

按照发声原理及内部结构不同,音箱可分为倒相式、密闭式、平板式、号角式、迷宫式等几种类型,其中最主要的形式是密闭式和倒相式。密闭式音箱就是在封闭的箱体上装上扬声器,效率比较低;而倒相式音箱与它的不同之处就是在前面或后面板上装有圆形的倒相孔。它是按照赫姆霍兹共振器的原理工作的,优点是灵敏度高、能承受的功率较大和动态范围广。因为扬声器后背的声波还要从导相孔放出,所以其效率也高于密闭式音箱。而且同一只扬声器装在合适的倒相式音箱中会比装在同体积的密闭式音箱中所得到的低频声压要高出 3 dB,也就是有益于低频部分的表现,这也是倒相式音箱得以广泛流行的原因。

音箱功率

音箱音质的好坏和功率没有直接的关系。功率决定的是音箱所能发出的最大声强,从人体感觉上就是音箱发出的声音能够带来多大的震撼力。根据国际标准,功率有两种标注方法:额定功率(RMS:正弦波均方根)与瞬间峰值功率(PMPO 功率)。前者是指在额定范围内驱动一个 8Ω 扬声器规定了波形持续模拟信号,在有一定间隔并重复一定次数后,扬声器不发生任何损坏的最大电功率;后者是指扬声器短时间所能承受的最大功率。美国联邦贸易委员会于 1974 年规定了功率的定标标准:以两个声道驱动一个 8Ω 扬声器负载,在 20 Hz ~ 20000 Hz 范围内谐波失真小于 1% 时测得的有效瓦数,即为放大器的输出功率,其标示功率就是额定输出功率。通常商家为了迎合消费者心理,标出的是瞬间(峰值)功率,一般是额定功率的 8 倍左右。在选购多媒体音箱时要以额定功率为准。音箱的功率不是越大越好,适用就是最好的,对于普通家庭用户的 $20m^2$ 左右的房间来说,真正意义上的 60W 功率(指音箱的有效输出功率 30W × 2)是足够的了,但功放的储备功率越大越好,最好为实际输出功率的 2 倍以上。比如音箱输出为 30W,则功放的能力最好大于 60W,对于 HiFi 系统,驱动音箱的功放功率都很大。

音箱功率匹配

为了达到高保真的要求,额定功率应根据最佳聆听声压来确定。听众都会有这样的感觉:音量小时,声音无力、单薄、缺乏动态效果,低频显著缺少、丰满度差。音量合适时,声音自然、清晰、圆润、柔和丰满、有力、动态效果强。但音量过大时,声音生硬不柔和、有刺耳的感觉。因此重放声压级与声音质量有较大关系,规定听声区的声压级最好为 80dB ~ 85dB(A 计权),可以从听声区到音箱的距离与音箱的特性灵敏度来计算音箱的额定功率与功放的额定功率。

用最简单的话来讲,音箱需要有足够的输出能力并具有足够的余量,才能满足声压输出的需要,同时功放的功率大于音箱的可承受功率,一般 1.5 倍 ~ 2 倍为宜。

液晶分时技术

根据字面很容易理解这项技术的工作原理,其的主要技术在眼镜上。它的眼镜片是可以分别控制开闭的两扇小窗户,在同一台放映机上交替播放左右眼画面时,通过液晶眼镜的同步开闭功能,在放映左眼画面时,左眼镜打开右眼镜关闭,观众左眼看到此画面,右眼没有图像。同理,放右眼画面时,右眼看此画面,左眼没有图像,就这样让左右眼分别看到左右各自的画面,从而产生立体效果。画面变换频率越高,人眼所感受到的闪烁感就越低,舒适度也就越高。

– Z –

最大分辨率

最大分辨率是指投影机能够接受并正常显示的最高的输入分辨率,它一般高于物理分辨率。最大分辨率又称为插值分辨率或软件分辨率,它通过内部算法提高了投影机输入图像的分辨率范围。目前最大分辨率的算法大致分为补点法、平均值法、二次乘方法 3 种。

阻抗匹配

它是指功放的额定输出阻抗,应与音箱的额定阻抗相一致。此时,功放处于最佳设计负载线状态。如果音箱的额定阻抗大于功放的额定输出阻抗,功放的实际输出功率将会小于额定输出功率。如果音箱的额定阻抗小于功放的额定输出阻抗,音响系统虽然能工作,但功放有过载的危险,要求功放有完善的过流保护措施。

附录 B 国内外综合布线系统
相关标准介绍

综合布线系统自问世以来已经历了近 20 年的历史,这期间,随着信息技术的发展,布线技术也在不断推陈出新;与之相适应,布线系统相关标准的发展也有相当长的时间,国际标准化委员会 ISO/IEC,欧洲标准化委员会 CENELEC 和北美的工业技术标准化委员会 TIA/EIA 都在努力制定更新的标准以满足技术和市场的需求。为使大家更好的了解这些标准,在弱电工程的综合布线中进行参考,在此将综合布线系统相关标准向读者作一介绍。

以下为与布线有关的组织与机构:

ANSI 美国国家标准协会 American National Standards Institute

BICSI 国际建筑业咨询服务 Building Industry Consulting Service International

CCITT 国际电报和电话协商委员会 Consultative Committee on International Telegraphy and Telephony(现在,ITU – TSS)

EIA 电子工业协会 Electronic Industries Association

ICEA 绝缘电缆工程师协会 Insulated Cable Engineers Association

IEC 国际电工委员会 International Electrotechnical Commission

IEEE 美国电气与电子工程师协会 Institute of Electrical and Electronics Engineers

ISO 国际标准化组织 International Standards Organization(官方叫法:International Organization for Standardization)

ITU – TSS 国际电信联盟—电信标准化分部 International Telecommunications Union-Telecommunications Standardization Section

NEMA 国家电气制造商协会 National Electrical Manufacturers Association

NFPA 国家防火协会 National Fire Protection Association

TIA 电信工业协会 Telecommunications Industry Association

UL 安全实验室 Underwriters Laboratories

ETL 电子测试实验室 Electronic Testing Laboratories

FCC 美国联邦电信委员会 Federal Communications Commission(U. S.)

NEC 国家电气规范 National Electrical Code(issued by the NFPA in the U. S.)

CSA 加拿大标准协会 Canadian Standards Association

ISC 加拿大工业技术协会 Industry and Science Canada

SCC 加拿大标准委员会 Standards Council of Canada

一、美洲标准

TIA/EIA 标准主要包括：

568(1991)商业建筑通信布线标准

569(1990)商业建筑电信布线路径和空间标准

570(1991)居住和轻型商业建筑标准

606(1993)商业建筑电信布线基础设施管理标准

607(1994)商业建筑中电信布线接地及连接要求

商业布线系统的标准制定计划可以追溯到 20 世纪 80 年代中期,在此之前主要是由关键厂商对布线系统的分类起主导地位。

1. TIA/EIA –568

1991 年 7 月,由美国电子工业协会/电信工业协会发布了 ANSI/TIA/EIA –568,即商务大厦电信布线标准,正式定义发布综合布线系统的线缆与相关组成部件的物理和电气指标。

该标准规定了 100Ω UTP(非屏蔽双绞线)、150Ω STP(屏蔽双绞线)、50Ω 同轴线缆和 62.5μm/125μm 光纤的参数指标。

1995 年 8 月,ANSI/TIA/EIA –568 –A 出现,TSB36 和 TSB40 被包括到 AN-

SI/TIA/EIA -568 的修订版本中,同时还附加了 UTP 的信道(Channel)在较差情况下布线系统的电气性能参数。之后,随着更高性能产品的出现和市场应用需要的改变,为了简化下一代的 568 - A 标准,TR42.1 委员会决定将新标准"一化三",每个部分都与现在的 568 - A 章节有相同的着重点,即 ANSI/TIA/EIA -568 - B.1,ANSI/TIA/EIA -568 - B.2,ANSI/TIA/EIA -568 - B.3。

之间,出现了 ANSI/TIA/EIA -568 - B.2.1 标准,它是关于 6 类布线系统的标准,是 ANSI/TIA/EIA -568 - B.2 的增编。

总的来说,ANSI/TIA/EIA -568 - B 将是自 1991 年以来公布 ANSI/TIA/EIA -568 标准后的第 3 个版本。

2. TSB36

1991 年 11 月,TIA 公布了技术白皮书 TSB36(Technical System Bulletin 36,TSB36)即非屏蔽双绞线附加参数,该白皮书进一步以"category"定义了 UTP 性能指标。

TSB36 包括 1 类 ~ 5 类线的定义,并明确地列出了 3 类、4 类、5 类线的物理和电气参数指标。

3. TSB40

为了使布线连接硬件与线缆类别匹配,TIA 发布了 TSB40,即非屏蔽双绞线连接硬件的附加传输参数。TSB40 将布线连接硬件分为 3 类、4 类、5 类,同时,由于安装过程也会影响到布线性能,TSB40 还包含了布线的具体操作规范。

4. TSB95

TSB -95 提出了关于回波损耗和等效远端串扰(ELFEXT)的新的信道参数要求。这是为了保证在已经广泛安装的传统 5 类布线系统能支持千兆以太网传输而设立的参数。由于这个标准是作为指导性的 TSB(Technical Systems Bulletin 技术公告)投票的,所以它不是强制的标准。

5. TIA/EIA/IS -729

100Ω 外屏蔽双绞线布线的技术规范,它是一个对 TIA -568 - A 和 ISO/IEC 11801 外屏蔽(ScTP)双绞线布线规范的临时性标准。它定义了 ScTP 链路和元器件的插座接口、屏蔽效能、安装方法等参数。

6. TIA/EIA -569 - A

商业建筑电信通道和空间标准,1990 年 10 月公布,是加拿大标准协会

(CSA)和电子行业协会(EIA)共同努力的结果。目的是使支持电信介质和设备的建筑物内部和建筑物之间设计和施工标准化,尽可能地减少对厂商设备和介质的依赖性。

7. TIA/EIA – 570 – A

它是一个住宅电信布线标准,主要是订出新一代的家居电信布线标准,以适应现今及将来的电信服务。标准主要提出有关布线的新等级,并建立一个布线介质的基本规范及标准,主要应用支持语音、数据、影像、视频、多媒体、家居自动系统、环境管理、保安、音频、电视、探头,警报及对讲机等服务。标准主要规划于新建筑,更新增加设备,单一住宅及建筑群等。

8. TIA/EIA – 606

商业建筑电信基础设施管理标准,此标准的起源是 TIA/EIA – 568、TIA/EIA –569 标准,在编写这些标准的过程中,人们试图提出电信管理的目标,但委员会很快发现管理本身的命题应予以标准化,这样 TR41.8.3 管理标准开始制定了。这个标准用于对布线和硬件进行标识,目的是提供与应用无关的统一管理方案。

9. TIA/EIA – 607

商业建筑物接地和接线规范,这个标准的制定目的是为了在安装电信系统时,对建筑物内的电信接地系统进行规划、设计和安装。它支持多厂商多产品环境及可能安装在住宅的工作系统接地。

二、国际标准

1. IEC 61935

它定义了实验室和现场测试的比对方法(同美洲的 TSB – 67 标准),定义了布线系统的现场测试方法,以及跳线和工作区电缆的测试方法,还定义了布线参数、参考测试过程以及用于测量 ISO/IEC 11801 中定义的布线参数所使用的测试仪器的精度要求。

2. ISO/IEC 11801

国际标准 ISO/IEC 11801 是由联合技术委员会 ISO/IEC JTC1 的 SC 25/WG 3 工作组在 1995 年制定发布的,这个标准把有关元器件和测试方法归入国际标准。

目前该标准有 3 个版本:ISO/IEC 11801,ISO/IEC 11801,ISO/IEC 11801。此规范一直在更新和发展中。

三、国内标准

1. 协会标准

中国工程建设标准化协会在 1995 年颁布了《建筑与建筑群综合布线系统工程设计规范》(CECS 72:95)。该标准是我国第一部关于综合布线系统的设计规范,在很大程度上参考了北美的综合布线系统标准 EIA/TIA - 568。1997年颁布的新版《建筑与建筑群综合布线系统工程设计规范》(CECS 72:97)和《建筑与建筑群综合布线系统工程施工及验收规范》(CECS 89:97)采用国际先进经验,与国际标准 ISO/IEC 11801:1995(E)接轨,增加了抗干扰、防噪声污染、防火和防毒等方面的内容,与旧版有很大区别。

2. 行业标准

1997 年 9 月 9 日,我国通信行业标准 YD/T 926《大楼通信综合布线系统》正式发布,并于 1998 年 1 月 1 日起正式实施。

2001 年 10 月 19 日,由我国信息产业部发布了中华人民共和国通信行业标准 YD/T 926 -2001《大楼通信综合布线系统》第 2 版,并于 2001 年 11 月 1 日起正式实施。

3. 国家标准

国家标准《建筑与建筑群综合布线系统工程设计规范》(GB/T 50311—2000)、《建筑与建筑群综合布线系统工程验收规范》(GB/T 50312—2000)于1999 年底上报国家信息产业部、国家建设部、国家技术监督局审批,并于 2000年 2 月 28 日发布,2000 年 8 月 1 日开始执行。

参 考 文 献

[1] 骆耀祖,刘东远.网络系统集成与工程设计.北京:电子工业出版社,2005.
[2] 姜秀华.现代电视原理.北京:高等教育出版社,2008.
[3] 李焕芹.电视节目制作技术.北京:电子工业出版社,2008.
[4] 胡云.综合布线教程.北京:中国水利水电出版社,2009.
[5] 吴达金.综合布线系统工程设计标准实施指南.北京:电子工业出版社,2006.
[6] Molex 谈布线系统的质量保证.计算机网络世界,2004,13(12).